贵州省重点支持学科民俗学研究成果
黔南民族师范学院2019年校级项目“生态民族学视域下的黔南民族服饰形制探究”结题成果
贵州省优秀科技教育人才省长专项资金项目“贵州省少数民族文化的审美特色研究”结题成果
贵州省黔南布依族苗族自治州布依学会研究成果

荔波县布依族服饰的生命美学研究

覃亚双／著

图书在版编目（CIP）数据

荔波县布依族服饰的生命美学研究 / 覃亚双著. --北京 : 经济日报出版社, 2023.4

ISBN 978-7-5196-1303-7

Ⅰ. ①荔… Ⅱ. ①覃… Ⅲ. ①布依族－民族服饰－服饰文化－研究－荔波县 Ⅳ. ①TS941.742.868

中国国家版本馆 CIP 数据核字(2023)第 054364 号

荔波县布依族服饰的生命美学研究

作　　者	覃亚双
责任编辑	张　丹
助理编辑	李敏婧
责任校对	孙鹤窈
出版发行	经济日报出版社
地　　址	北京市西城区白纸坊东街 2 号 A 座综合楼 710(邮政编码:100054)
电　　话	010-63567684（总编室） 010-63584556（财经编辑部） 010-63567687（企业与企业家史编辑部） 010-63567683（经济与管理学术编辑部） 010-63538621 63567692（发行部）
网　　址	www.edpbook.com.cn
E - mail	edpbook@126.com
经　　销	全国新华书店
印　　刷	四川科德彩色数码科技有限公司
开　　本	710×1000 毫米　1/16
印　　张	12.75
字　　数	202 千字
版　　次	2023 年 4 月第 1 版
印　　次	2023 年 4 月第 1 次印刷
书　　号	ISBN 978-7-5196-1303-7
定　　价	58.00 元

前　言

生命美学家封孝伦教授认为，美是人类生命追求的精神实现。服饰美学研究可以尝试从生命美学视角来探讨少数民族服饰如何彰显其审美主体的生命追求，充分展现其三重生命（生物生命、精神生命、社会生命）的具体层次。目前学界对于荔波布依族服饰审美研究主要基于服饰美学的一般视角，对服饰的方格纹图案、色彩、形制等方面进行研究，探讨服饰的美学形式和应用价值，但并未真正揭示荔波布依族服饰的审美规律，具体指出其审美本质特征。因此，本书旨在通过生命美学视角来探讨荔波布依族服饰文化中所体现的该民族的三重生命追求，探索荔波布依族服饰的审美规律，揭示其审美本质特征，为荔波布依族服饰研究提供一定的资料参考。

本书从结构上分为以下五个部分：

首先，导论部分说明本书的选题背景，指出人类的服饰审美活动主要基于其自身的生命追求。通过对近年来学术界关于布依族服饰的形制、图案、文化内涵方面的研究梳理，指出从生命美学视角来探讨荔波布依族服饰审美的独特性和创新性，探讨本书的研究目标、研究意义、研究理论以及主要研究内容，为接下来各章节的论述提供引导的依据。

第一章从生物生命的角度探讨荔波县布依族生活的自然环境，阐述荔波地区布依族生活地区的气候特征和地质地形；接着说明荔波布依族生物生命下的服饰需求，例如保暖御寒、护体防身、医用治病、生殖求偶等需求，指出荔波地区布依族的服饰款式、色彩等方面如何适应当地的自然环境、气候特征及生产生活方式，彰显其生物生命的基本追求。

第二章从精神生命的视角指出人类的精神生命是生物生命的补充，后者的生命厚度将更加丰富，探讨荔波布依族人民精神生命追求的表征，介绍荔波布依族人民的鬼神传说、巫术意识、艺术追求等方面的行为活动，突显其服饰所能体现的布依族人民的独特生命追求，总结出服饰之美之于人类精神生命追求所体现的遮羞安全、年龄指示、愉悦获得等方面。

第三章论述人类的社会生命是精神生命的延展，分析布依族族称的由来、荔波布依族生产方式的演变以及荔波布依族服饰的社会环境，探析荔波多民族交错杂居环境下的布依族人民如何与其他民族进行交往交流；接着论述荔波布依族人的社会生命追求，指出其寻求民族身份认同、追求民族内部平等以及渴求社会关系和谐融洽等内容。本章第二节服饰何以需要“去阶级化”里面提出并讨论了服饰政治、经济阶级，服饰在当代社会如何体现出新的阶级关系。

第四章将通过梳理民族服饰审美的本质进而总结出荔波布依族服饰美的本质特征，以及生命美学在其服饰美学中如何得以实现。主要从服饰的整体结构形式、线条美、色彩美几个点切入，得出一个新的形式美鉴赏结论：布依族服饰独特的线条、色彩美学。另外细分四种典型审美性格——嗜格成性、尚蓝为荣、低调内敛、生命余温，指出荔波布依族服饰审美的本质特征是基于其民族群体本身的生命追求，为揭示其服饰审美规律提供重要的基础，并在最后一节探讨民族服饰美学何以可能。

最后的结语部分将通过对以上章节的总结凝练而揭示从生命美学视角可以揭示并分析布依族服饰的审美规律，为布依族服饰的研究提供重要的资料参考。

目 录
CONTENTS

导 论

第一节　选题缘由

服饰一直是美学界研究的热门话题。服饰是人类适应自然、改造自然的必然产物，民族服饰是民族文化的组成部分之一，少数民族服饰是少数民族文化的一种特殊载体，“也是少数民族的第二皮肤”。它们承载着人类生活的要素，堪称一个民族的文化标志，也是民族文化的重要象征之一。

作为“技艺的艺术”，中国少数民族服饰审美常饱含浓郁人文色彩的现实生活态度。[①] 作为物质文化和精神文化的结晶，民族服饰取决于地理环境、自然条件、生产力等客观因素并受其影响，还取决于诸如民族历史、风俗礼仪、宗教信仰等人文环境因素的积淀与刻画。同时，民族服饰的形成、风格及功能演变与该民族所属的历史文化系统、自然环境、经济生活方式有很大的联系，也是一个民族自我认同的重要标志。因此，不同的民族在不同的生存、生活条件下形成了别具一格的服饰风格与特点。

一直以来，关于民族服饰的审美研究主要集中在其图案、形制、图腾崇拜等方面的研究，虽成果颇丰，但也渐显同质化，这表现在民族服饰审美元素趋向单一，现代服饰对民族服饰的借鉴升华力度不甚明显，甚至出现对民族服饰文化错误解读的情况。

同时，学界目前关于民族服饰的研究仅仅停留在浅层的服饰审美特征的梳理和概括，并且目前学界并没有系统合理地总结出关于民族服饰审美的一般规律去解决当前涌现出的许多关于民族服饰审美规律的问题，例如，民族服饰审美特征及因素是什么；民族服饰审美规律需要遵行什么内在原则；如何将民族传统服饰和现代服饰元素合理有效地结合起来，丰富

①唐媛媛. 生态美学视域下少数民族服饰审美及应用——以水族服饰为例 [J]. 设计，2020 (1).

当代服饰的审美形式与内容；在全球化进程中怎样做到既能保持本民族的主体文化特色，做到文化自觉，又能衍生在当今社会的生命力。这些问题的普遍存在都亟须学界尽快探索出全新的视角以解决问题。封孝伦教授的“三重生命”学说的诞生则为很多民族服饰审美研究者们提供了一个逃离服饰审美瓶颈的出口，能够为服饰审美研究提供一般性规律。因此，本书试着从生命美学视角来探寻民族服饰审美的基本规律，以期为布依族服饰审美研究和发展提供一定的资料参考。

我国著名的生命美学家封孝伦教授认为，人的本质不是别的什么，人的本质就是生命。生命是一切行为的动力源泉，并且决定着人类的一切行为内容、行为方式和面对不同对象时所产生的特殊心情。[①] 换句话说，生命既有本原性又有自明性。经过对人的本质的深刻思考后，封教授提出，人不仅具有生物生命、精神生命，而且还有社会生命。封教授认为，人先有生物生命，这是人得以客观存在的物质基础，以此为前提才能发展出精神生命和社会生命。现当代社会都强调以人为本的发展观，封教授的生命哲学理论为这个发展观作出了颇具哲学智慧的阐释，为当代人类的发展提供了清晰的路径，对人生的意义做了系统性的回答。

“三重生命”学说能够使我们对人的生命认识得更加全面、科学和彻底，也为某些政策提供相应的理论根基，同时使我们在物欲横流的年代能够重视精神生活和精神境界，为社会进步做贡献，有助于社会的稳定和进步。由于当今时代的美学研究已经渐渐向民族文化、地域文化、生态文化领域渗透，因此对作为一种新颖独特的学说，“三重生命”理论研究的运用更能够帮助我们解决当代审美文化研究转向中存在的问题，特别是面对当代的部分审美传统已经出现研究视角、研究方法同质化、片面性的问题时，这个震撼有力的生命美学理论学说更能够整合审美对象的文化史和文化资源的力量，透析各对象的审美取向和审美意识，对一些热门的审美现象（如服饰审美现象）进行研究视角的全新转换和开拓思考。

①封孝伦. 生命与生命美学［J］. 学术月刊，2014（9）.

那有没有一种服饰能够完全体现出人的“三重生命”追求呢？抑或说有没有一种服饰能够极其明显地体现出人的“三重生命”呢？笔者认为答案是肯定的，那就是我国各民族丰富灿烂的服饰文化。这是各民族在漫长的历史中不断创造并传承下来的宝贵文化贡献，彰显着其民族文化的特定内容和独特魅力。服饰体现的人的“三重生命”之间的比重并不均衡，不同的人服饰生命的侧重点不同，它是人类不同生命追求的载体。有些服饰主要用于保暖御寒，其生物生命非常旺盛，例如保暖内衣、竹炭纤维的内衣裤、透气散热的打底裤子等；有些服饰主要为了体现人类的精神生命，例如森系、佛系、日系、韩范、欧美风、新国风（汉服）系列等体现人类思想潮流和时尚标杆的服饰风格；有些服饰却主要体现人类的社会生命，例如各种职场职业装、行业或者协会服装等，这是社会其他成员辨识他并记住他的社会地位的载体，具有文化记忆功能。

一般来说，现代人对服饰的审美大多偏向于对身材包容的款式，服饰上的图案、服饰的品牌价格是其社会生命的体现。所以，当代人对于服饰只有选择的权利，而生命美的自我索求则在服装设计师、厂家、销售商三者的重重包围之下，无法完全展现和满足自身的“三重生命”，当然这也许到最后反而就逐渐形成了自己的生命追求。如今，人们已经没有必要也没有精力亲自参与服装的制作流程，从而建立起对于服饰的深厚情感和精神寄予，这与民族服饰的众多审美现象存在明显差异。

民族服饰同其他民族工艺品一样，其产生都源于人们对其功能的需求和渴望。首先，服饰具有实用功能，在日常生活中为人们保暖与遮羞，是最基本的功能。其次，民族服饰随着时间的推移则会产生一定的象征意义和文化内涵，展现不同民族与生态文化环境之间的关系。最后，在艺术上还要具有较高的审美意蕴，即能够满足人们的审美精神追求。

布依族作为我国西南地区最古老的民族之一，其神秘浓厚的服饰文化底蕴内容十分值得学界关注、思考与研究。作为被汉化程度比较高的民族之一，其服饰的变迁历史深刻映射着当时政府制定的民族政策实施情况，反映布依族人民在国家各项民族政策的制定下如何发展经济、文化、社会等方面的内容。布依族服饰除了借鉴汉族在历史上衣着的长处，还根据本民族周边的自然环境和基本生活情况需要将自己的服饰不断继承、借鉴并创新，彰显了当代民族团结、融合的深厚力量。

首先，贵州省荔波县的布依族世代居住在当地将近一千年，有丰富深厚的服饰文化与历史。作为世界自然遗产地，荔波县境内的峰丛与峰林景观有序排列，展示了地貌的演化，其特殊的喀斯特森林生态系统与显著的生物多样性，包含众多特有和濒危动植物及其栖息地，代表了大陆型热带一亚热带锥状喀斯特的地质演化和生物生态过程，是研究裸露型的锥状喀斯特发育区喀斯特森林植被的自然“本底”及森林生态系统结构、功能、平衡的理想地和天然实验场所，对研究当地民族的服饰审美与生态的适应性具有非常重要的现世价值和长远的现世意义。

其次，荔波县全县人口一共 18 万，其中布依族人口为 10 万人，占全县人口的 55.6%，选择当地作为布依族服饰研究的田野调查点的想法合理可行，调查的实际操作性较强，因此研究布依族的民族服饰审美与生态适应性的学术价值和现实价值都非常高。

再次，更重要的是，荔波县的布依族服饰在形制、图案、工艺上具有较鲜明的特色，例如，其服饰主要由自织自染的格子布制成，经纬纵横、对称和谐的格子图案彰显其工艺特色，在染制工艺上主要以染线为基础，再加以复杂的纺织工艺才能完成，而不是像其他民族服饰一样以先纺织制作整块布料，后染制整块布料为主要染制手法。同时，在裁剪和图案上，荔波布依族以在袖口和衣领上绣图案花纹为主。因此，研究荔波地区布依族服饰的生态适应性具有一定的创新性和合理性，这也是学界目前没有涉及的研究内容。

然后，荔波布依族服饰款式设计在整体上比较简约朴素，颜色低调淡雅，没有像苗族等其他民族服饰一般有过多的银饰及采用花纹的繁琐复杂特征，符合该民族的生产生活方式以及历史的迁徙演变，这种服饰风格跟当今国际国内的服饰风格非常接近，荔波的色织布“冻之水不败，渍之油不污”，练染工艺十分精湛，更能为当代生态环保服饰、绿色服饰的设计

提供灵感和借鉴，彰显民族服饰与现代服饰的完美结合。

最后，贵州省第一土语区的布依族服饰大量以自织的格子布为基础，与当代流行并风靡世界的苏格兰格子裙有异曲同工之妙，研究该地区服饰与国际时尚界流行的格子图案的服饰以及苏格兰格子裙之间是否存在联系的研究显得独特创新，这在学术界具有一定的新颖度和创新性。

总之，选择荔波布依族服饰作为研究对象能够彰显审美主体的具体生命追求，也符合笔者从生命美学的全新视角去研究该地区的布依族服饰审美的独特新颖度。此外，本书关注到荔波布依族服饰的独特审美意识产生的生态环境和人文环境背景、该审美意识产生的具体原因，以及在生命美学视角下如何帮助化解布依族服饰审美文化在中国服饰文化多元化的趋势下所产生的新型危机，加强服饰文化传承主体接替队伍的凝聚力。

第二节　国内外研究进展梳理

一、民族服饰研究现状梳理

（一）民族美学的诞生

20世纪末，中国美学学科存在西方美学语境问题，西方美学植入中国文化土壤的实际问题成为学者批判和反思的重点。但学者们在建构中国特色美学学科的时候又存在着以“中华美学”为主的偏颇，过度注重汉民族的传统文化和审美意识的研究，忽视了以中国基本国情为背景的具有中国特色的少数民族审美思想的构建，过度依赖和崇拜以二元化独立为主的西方话语体系。有学者提出，当下，少数民族美学研究成为中国“美学自救”的必然选择。在“西化”与“汉化”的双重压力下，少数民族失语症更加突出和明显，究其原因，要从自汉代开始趋向成熟的“华夏美学”的现状说起。

从李泽厚的实践派美学到马克思主义美学，乃至新时期以后当代中国美学理论，都强调艺术主体性的美学观。从“五四”特别是“左”翼文艺开展之后，民族性被认为是中国艺术审美价值的主要体现。到20世纪80年代，中国艺术创作对民族文化的挖掘和民族个性的追求再次引起人们的广泛关注。在中国当代美学理论作为西方美学理论的延展的背景下，中国美学理论建设的民族性问题被人们提出来。“中国文论话语重建”派的代表曹顺庆主张在全球化和后殖民语境中重新审视和建设中国文论，强调中国文论的民族身份认同，这一举动引起了广泛的争论。

多民族文化背景下的中国美学导致中国多元文化的存在变得模糊。李泽厚先生在中国当代美学史上率先以著作的方式提出“华夏美学”的概念，但其所谓的“华夏美学”则是以“礼乐传统”“孔门仁学”“儒道互补”为题，以儒家思想为主题的中华传统美学。然而这会让人质疑：中华多民族因子构成的“华夏美学”就是纯粹的以儒道文化为基础的汉民族美学?

在中国文学、艺术、美学史上有太多少数民族创造的斑斓壮阔的文化智慧。少数民族美学思想在经过汉族美学思想文化的过滤下，并没有形成与之相互体认和影响的对话关系，而只是一种解释和被解释的对象关系。既然承认当代中国存在全球化的主流经验模式，那就应该承认当代中国的审美结构（包括少数民族的审美结构），在这一模式运作中将出现新的组合和超越问题。①

少数民族美学研究较少的原因主要基于其历史根源。由于“美学”概念来自西方，20 世纪 80 年代的美学理论基础研究仍然沿袭着五六十年代对“美的本质”的研究，与时代严重脱轨，另外，受儒家文化的影响，早在商周时期，炎黄子孙一直指的是大汉民族，当时就有“华夏、东夷”等划分。这些体现封建社会思想文化的内容都促使我国的美学研究在世界美学面前处于弱势地位。

21 世纪以来，标志着中国审美和民族生态审美的理论框架出现，张文勋《民族审美文化》、梁一儒《民族审美文化论》、黄秉生《民族生态审美学》、覃德清《审美人类学理论与实践》等著作相继出版。中国少数民族美学思想的民族性特征日渐消失是否对当代中国艺术的发展提出巨大的挑战？少数民族美学思想的承载主体是否在消失？这取决于少数民族文化的濒危性是明显还是隐蔽的。有学者预言，少数民族文化似乎在让位于主体文化的“先进性”，缺少对本族文化的认同态度。

从文化的生态结构看，一个丰富庞杂的文化体系需要诸多亚文化共

①覃守达. 审美人类学概论 [M]. 南宁：广西民族出版社，2007：101.

生，这些元素只有各司其职，最大限度地发挥自身功能，才能为整个文化生态系统提供源源不断的能量和动力。

中国各民族繁复的美学思想正面临着尴尬处境，各民族之间进行互相体认和相互影响的文化生态关系在主体美学思想巨大的旋涡下陷入失衡的危机。

20世纪80年代末，中国美学出现与文化研究整合的态势。审美文化研究热潮不断兴起，生态美学、艺术人类学等侧重于审美对感性的日常生活、审美生成、宗教信仰、历史语境、民俗文化事项等的关注，旨在探求中国美学之民族性及文化根源。

1988年，全国民族院校文艺理论研究室主编的《民族风情与审美》一书，为少数民族审美文化研究的开展提供了准确定位。次年，少数民族美学思想研究会的成立标志着中国少数民族美学学科构建的开始，由四川民族出版社首次出版的著作《中国少数民族古代美学思想资料初编》问世，它整理了一部分少数民族古代美学思想资料并厘清其发展脉络，堪称我国民族美学学科理论研究的基石。在中国美学研究向审美文化泛化的背景下，以民族审美文化方向为主的少数民族美学出现。1990年10月，全国少数民族美学思想讨论会的召开推动了民族审美文化的出现。1994年，《中国少数民族美学思想研究丛书》由青海人民出版社出版发行，其中包括刘一沾的《民族艺术与审美》，梁一儒的《民族审美心理学概论》，向云驹的《中国少数民族原始艺术》，于乃昌、夏敏的《初民的宗教与审美迷狂》，冯育柱、于乃昌、彭书麟的《中国少数民族审美意识史纲》等，这些著作都在指引中国少数民族美学理论登上历史舞台。此外，最具代表性的著作是范阳的《民族美学的理论基础及其研究途径》，而于乃昌的《走进边缘——中国美学格局中的中国少数民族美学》则追溯了少数民族审美文化研究的起源、历程和成绩，首先以壮族审美文化研究为主要内容，而后以藏族、彝族、侗族、哈尼族审美文化为研究对象，标志着美学向人类学研究不断转向。

2000年，中国美学与民族艺术学术研讨会提出建构包括少数民族美学资源的中国美学，同年，满都夫《蒙古族美学》的出版填补了少数民族美学史的研究空白；2009年，首届全国少数民族审美文化学术研讨会与全球视野中生态美学与环境美学国际学术研讨会分别召开，探讨少数民族审美文化研究内容为“审美”“文学”“艺术”与“日常生活”的交融，反思少数民族审美文化抢救及转型问题。[①]

2010年，学者邓佑玲提出“中国少数民族美学”这一学科概念，学者们正积极建构相关理论体系。美学是一门以审美经验为中心，研究美和艺术的学科，它通过不同的角度、层次、途径、方法等对多元化的内容进行体现。但是美学理论并不能涵盖服饰美学的全部，对于服饰美的研究还应该从服饰的本质出发。因此，服饰美学就是提示服饰领域活动规律的科学，对服饰的审美心理、服饰设计形式美法则、服饰的时尚与流行、服饰艺术表现与再现等进行原理性的阐述和分析。在研究服饰美学时，通常从其色彩、图案、装饰三大因素着手。

（二）服饰美学的文化视角探索

服饰美学是揭示服饰领域活动规律的科学，包括服饰的审美心理、服装时尚与流行、服饰设计形式美法则、艺术表现与再现等各个方面的美学大原理。[②] 服饰作为美学的一个具象化内容，既脱胎于美学理论，自身又带有服饰本质属性，因而在探讨服饰美学时，研究者们首先要探讨服饰美学的成因、形态及其特征，指出服饰为何是美的，服饰美要遵循什么样的规律，怎样才能遵守和发现这种规律，通过运用这种规律怎样才能更好地为人类的生存发展提供重要的历史参考等。同时，笔者还要在现有的服饰美学理论基础上，从服饰更新的角度去探讨服饰美学对服饰审美行为的指导作用、服饰文化的最新审美动态等。另外，从实践的角度去探讨服饰美学与服饰创作对服饰经济的推动作用等。

服饰是一种超过了其物质价值而升华为文化价值的典型产品。纵观古

①王丙珍. 鄂伦春族审美文化研究［D］. 哈尔滨：黑龙江大学，2014.

②汪永河. 服饰美学的研究意义［D］. 天津：天津工业大学，2002.

今中外的服饰发展历史，其精神文化内涵有独特魅力。此时，服饰不再是一种简单的物质产品，而已升华为各国丰富灿烂的文化历史的独特表达方式。

学界现有的关于服饰审美的产生主要有以下四种说法：

第一种说法：服饰审美产生于对对象的模仿。原始人类由于不甚了解自然界生物的生长规律和习性，总是对某些动植物产生恐惧、害怕的心理，从而发展成对之崇拜敬仰的心理，在服饰材料的选取上会倾向于兽皮和羽毛。例如，因纽特人专找鸟羽做衣服，波利尼西亚人在捣薄的树皮上绘制彩色纹样来制作衣服。

第二种说法：服饰审美产生于游戏活动。人们在工作和劳动之余会将闲暇时间和精力消耗在游戏活动上。对服饰的关注就是一种游戏内容。通过对服饰的色彩、款式、材质进行研究，原始人类能够从中获取些许快乐和自由。

第三种说法：服饰审美是对神灵崇拜的表现。由于人们对某种自然力量无法理解而产生敬畏之情从而产生了对巫术宗教的信赖。为了获得祖先或某种神灵的庇佑，部落成员们会将某种动物形象视作其图腾，将其绘制在一些生活用品上（陶罐、盘子、斧头等），而后又发展为将这些美感体验应用到服饰设计中。

第四种说法：服饰审美与原始农民的舞蹈、绘画一样起源于劳动实践，劳动实践还启示了审美创作技巧和美感。

服饰美学的特殊性在哪里？

要强调服饰审美主客体的二重性。因为人既是审美的主体，又是服饰审美的客体；人既要能感知客体对象，还要能超越对象并确认自己的主体性位置；既是对服饰进行审美评价的观众，又是服饰的穿戴者。服饰与人的一体性是研究服饰美学重要的主体意识。有学者认为，服饰美学的最高价值表现在婚嫁服饰上，如果婚嫁服饰能够做到精细美观，那家庭教育意识、审美意识和自己的努力，更加有利于在择偶上有更优的选择，更加得到男方的赏识。这是以前人们对于服饰地位的固有看法，现在却不尽然。

有学者认为，当今世界的美学顶峰标志应属世界各地时装周发布的服饰，这主要体现在色彩、面料以及工艺手法方面。① 因此，将民族服饰的文化元素加入世界服饰设计领域已经势不可挡。

首先，服饰具有审美性。“美是人类生命追求的精神实现”，人们对服饰寄予的高度精神愉悦性不可忽视。服饰审美特征是人性审美特质中最外化的表现形式，彰显出人们最基本的审美心理和需求。

其次，服饰具有文化性。服饰设计大师迪奥曾说过，服饰与历史同在，服饰与文化同在。服饰款式及服饰设计语言在循环往复中又会产生一定的变化。

最后，服饰具有社会性。人成长于特定的社会文化环境中，在社会化过程中也逐步适应社会性格特征。俗语“人靠衣服马靠鞍”就体现出服饰在人们处理社会人际关系中的不可替代的重要位置。

（三）近年民族服饰研究成果回顾

服饰是一个社会的重要文化标识，每一种文化的产生发展都离不开特定的自然环境和社会文化环境，社会文化环境包括物质文化、精神文化、艺术文化、语言文化、民俗文化这六个子系统。少数民族的服饰不仅表示了人与自然的和谐关系，还将大量有关地理、历史、文化的信息无声地传播给世人，构成各少数民族文化精彩绚烂的篇章。近年来，学术界对中国少数民族服饰的研究主要有以下几个方面：

第一，古代服饰史料的整理与阐释。这方面以沈从文、陈高华、陈娟娟、徐吉军等为主要代表，他们通过相关的历史背景、政治环境等论述了古代契丹人、蒙古族、女真族的服饰形制、审美特征及少数民族服饰文化特征，同时黄能福等人还对唐代吐蕃、回鹘、龟兹贵族、西夏党项族等服饰图像进行全面收集和整理，记录古代民族服饰的具体形制和特征。这些服饰史料能够从整体上关照少数民族服饰审美与中原服饰审美文化之间的

①王嘉艺. 一带一路沿线我国少数民族服饰美学研究［J］. 速读，2019（12）.

关联性，揭示中华民族服饰审美的“多元一体格局”[①] 为后代研究其他少数民族的服饰审美特征提供文献参考价值。

第二，服饰审美价值的相关研究。邓启耀是我国最早对少数民族服饰进行研究的学者，他认为，服饰的价值和作用在于对身体和生活的审美，是对生活积极态度的显示，对于民族情感的见证和历史记忆。此后，其他学者开始对包括藏族、苗族、彝族等在内的西南少数民族服饰的审美价值进行深入研究，指出这些服饰在家庭教育、婚丧嫁娶等社会价值功能方面具有突出的特点。

第三，服饰审美特征的相关研究。目前学界对民族服饰审美特征的研究对象主要有以下三种：以所有少数民族服饰为研究对象，其中以学者王小慧的中国少数民族首饰文化研究为代表；以某个区域多种少数民族服饰为研究对象，例如以西南、广西、湘西地区少数民族服饰研究为代表；以具体的某个少数民族服饰为研究对象，此类研究中以我国 55 个少数民族为研究对象，从其独特的自然环境、宗教信仰、文化习俗等方面阐述不同民族服饰的图案、造型、装饰、色彩的差异，展现中华民族服饰宝库中异彩纷呈的审美元素。

第四，服饰审美意识的相关研究。不同民族服饰的审美特征彰显不同的民族审美意识，不管是以某一地区的民族服饰为研究对象，还是以某一具体民族的服饰审美意识为研究对象，学界对于民族服饰审美意识的研究成果目前还有所欠缺，这不仅囿于对民族服饰审美意识的把握存在系统性难度，也缺乏对实证性研究方法的充分使用，特别是没有对于民族学、人类学的重要研究方法——田野调查法的具体、科学、系统的使用。

第五，各种研究视角的探索性研究。目前学术界主要从服饰美学、审美人类学等视角对民族服饰进行研究，其涉及的学科主要包括美学、历史学、人类学、民族学、政治学、生态学等。

①雀宁. 中国少数民族服饰的美学研究：现状、问题与出路［J］. 贵州社会科学，2017（11）.

二、少数民族服饰研究的近现代视域——生态美学视角

20 世纪 60 年代，由于欧洲各国及美洲大陆面临严重的生态环境破坏的现实问题，美学研究逐步转向以环境美学和审美文化生态学为代表的内容。有专家认为，文化生态研究尤其注重人与自然的联系，强调在人与自然的互动中生成的文化活动。提起“生态”一词，人们总是认为只与环境保护有关，其实，生态归根结底还是指人与自然的关系。将生态作为审美对象进行研究的原因是人们看到了自然美。例如，苗族服饰文化具有自然性和原生性，很自然地体现了生态美。

近年来，随着人们对人与自然生态环境之间关系的不断思考与关注，学界对于少数民族服饰与地理环境、文化生态、生态审美等方面的关于服饰与生态环境互相适应的研究正逐步加强。在现代服饰设计领域对“生态服饰”“绿色环保服饰”理念的不断推崇下，少数民族服饰审美中所体现的以生命个体基本需要为出发点的服饰生态学研究将不断得到重视与挖掘。因此少数民族服饰承载着各民族在历史发展中与生态环境相互适应的必然性以及别具一格的生命内容。

一直以来，学界对少数民族服饰美学的研究主要集中在对服饰的形制、色彩、装饰、图案、图腾崇拜等方面，近年来，学界关于生态的研究呈现火热态势。人类在漫长的改造和征服大自然的过程中，无可避免地破坏了生态，因此，在生态文明时代强调生态，生态美学的出现似乎成为必然。

不论自然保护主义者如何强调大自然的至尊地位，不管生态保护主义者如何反对人在生态建设中的主体地位，不从人的生命考虑的生态是没有意义的、不可想象的。[①]

中国少数民族珍贵的生态智慧理念一直是少数民族美学研究的根基，

①薛富兴. 生命美学与生态美学的对话 [J]. 社会科学战线，2020 (10).

同时，西方生态文化理论成为少数民族审美文化研究的理论生发点。2011年，中华美学学会以“生态文明的美学思考”为议题，彰显了生态文明理念是民族服饰研究中的重要内容。

（一）民族服饰与自然地理环境

目前国内学者普遍认为，中国少数民族服饰与自然地理环境之间的关系密不可分，后者对前者的形成与发展提供了深厚的物质基础。从人文地理角度来说，建立一种关于我国少数民族服装地理研究的初步理论框架是今后的一个必然趋势。关于民族服装起源的气候适应说、民族服装区域分布的空间差异说等学说将为生态学视角下的中国少数民族服装的研究提供理论和实践依据，服装地理理论的构建将逐步完善。

戴平在《论地理环境与民族服饰》一文中从社会学、文化生态学的角度进行论述，从民族的地域性、锁闭式社会环境的特异功能、高山大漠中的纯真情致、山水移情、色彩旋转的世界这几个部分展示地理环境对于民族服饰的款式、质料、色彩以及符号寓意等具有重要影响，但他认为地理环境并不是决定一切的因素。

杨正权在《论地理环境对中国西南民族服饰文化的影响》一文中指出，复杂的地理环境孕育出殊异的生产方式，地理环境的性质决定了生产方式的类型，而不同的生产方式又产生不同的服饰文化，特别是服饰文化在产生初期无时无刻不受地理环境的影响。同时，该论文还探讨了服饰文化发展的不平衡性和地理环境的关系，指出“丝绸之路”沿线民族服饰文化的相异性，认为高山大川的内在机制决定了西南各族缓慢的服饰文化发展进程，环境的封闭性、交往的缓慢性、观念的狭隘性以及生产方式的停滞性而致使西南民族创造的服饰文化不可能是高层次的，并且里面会包含着许多凭着动物属性感知出来的东西。

王清廉在《服饰与地理环境——民俗旅游资源浅论之二》一文中指出，一个民族或某个地区的服饰，既反映了该民族传统的历史文化特征，也说明其是在一定的生产方式和生活习惯中形成的，从而显示了对地理环境的适应。民族服饰是在特定的地理环境中发生、发展和演变起来的，服饰受地理环境影响主要表现在两个方面：一是区域性的气候、地形、水文等自然要素的直接影响；二是区域地理环境在某种程度上影响着该民族或地区的文化传统和生产方式，间接地影响着民族和地区的服饰特征。

艾菊红在《傣族服饰与傣族水的生态环境》一文中指出，不同的地理环境和自然条件为不同服饰类型的形成奠定了客观的物质基础。根据居住地区的地理空间、气候条件、水文状况不同，对服饰的实用功能的选择和要求也不同。同时，服饰还反映出地理环境对人类文化的影响，文化又能影响人生产活动的思维，而思维又反过来在服饰上得到具体体现。

陈丽琴在《论壮族服饰与生态环境》一文中指出，壮族服饰文化是一种兼具实用与审美功能的文化，它是壮族人民适应环境的产物，它的生存与传承现状是其与生态环境互相调试以求平衡的结果。该文从壮族服饰与自然生态环境、壮族服饰与文化生态环境（政治环境、民俗环境、女性的角色塑造）两方面进行论述，指出壮族服饰的产生和发展与其所处的自然环境和文化环境是分不开的，因此特定的生态环境制约和影响了壮族服饰的生成、传播和传承。

陈丽琴在《广西环北部湾少数民族传统服饰与自然生态》一文中从服饰原料与自然环境、服饰色彩与自然环境、服饰的风格款式与自然环境、服饰图案与自然环境等方面论述了自然地理环境对广西环北部湾少数民族传统服饰之间的密切关系，从而指出包括民族服饰在内的民间艺术都会不可避免地受到自然环境的影响，但自然环境的这种影响与制约要透过社会才能实现，要通过人们对自然的合理利用及审美创造，而不是民间艺术对自然的单向度和直接回应。该地区的民族服饰深深打上了自然生态的烙印。

陈建强在《论壮族服饰与现代生态环境之间的融合》一文中从自然生态环境下的壮族服饰、社会文化环境与壮族服饰的发展和变化、经济环境对壮族服饰的影响这三个方面论述壮族服饰的变迁是由多方面原因导致的，自然环境是服饰产生与演变的制约性因素。

综上所述，目前我国少数民族服饰研究在自然地理视角的采用下变得越发成熟完善，发表的论著甚丰，成绩斐然，研究方法可信实用。很多研究者们采取将出土文物与历史文献结合考证、实地调查的方法，为该视角下的少数民族服饰研究论证增加了科学性、实用性、可靠性。其中，一些少数民族服装经过不断改造革新，成为常服和时装，例如旗袍、中山装等。

尽管如此，我国地理学视角下的少数民族服饰文化研究仍旧处于起步和摸索阶段。目前一系列通论性的关于少数民族服饰研究的地理学视角的研究著作仅仅停留在宏观层次的理论探讨，实证性的研究工作关注度不够，研究水平可能还需要逐步提高。同时，在探讨服饰与地理环境方面的关系时，学者们并没有真正加入专业性的生态学知识，对自然地理环境的描述也只是停留在浅显的词汇方面，缺乏具有说服力的生态学知识的支撑，这种地理学视角下的少数民族服饰研究最终显得有些浅显和不足。

（二）民族服饰与文化生态

美国人类学家朱利安·斯图尔德于1955年在其著作《文化变迁的理论——多线进化的方法论》一书中首次提出了“文化生态学”的概念，这为少数民族服饰审美研究提供了新颖的理论视角，也就少数民族内部社会的变迁与进化如何深刻影响着民族服饰审美观的问题进行了论述，逐步引起学者的关注和思考。

“文化生态”是指自然、人文、社会相互协调的环境。由于文化生态是用生态学的观点研究文化和自然环境间的相互关系，因而文化生态系统是文化和自然环境交互作用之融合的总称。在这个文化生态系统中，人类是最重要的子系统，各子系统之间存在着相互制约、相互促进的关系。

通过美国人类学家朱利安·斯图尔德的文化生态学理论来论述文化与生态的关系，综合运用生态学的基础知识及理论，如生态因子、种群、群落等，生态学的生态适应性理论、地理环境决定论来论证少数民族服饰与生态、生命之间紧密相关、不可分割的关系。

余永红在《文化生态视域中陇南白马藏族服饰文化的传承与保护问题》中指出，由于各种传统民俗事象赖以生存的文化生态发生了根本变化，我国许多宝贵的民族非物质文化遗产在不断流失。居住在陇南山区的白马藏族在特殊的自然环境中形成了独特的民族文化以及相对独立完整的文化生态系统。但在文化、经济全球化的影响与冲击下，陇南白马藏族的民族服饰赖以生存和传承的自然生态以及文化生态都发生了变化。白马藏族服饰文化遗产正面临消失速度增快的局面。

杨燕在《文化生态视域下大理白族服饰艺术的传承和发展》中指出，文化生态是指文化赖以生存的自然、人文、社会相互协调的状态。该文从大理白族服饰艺术、大理白族服饰艺术的生存现状等方面论述了大理白族服饰艺术的传承和发展离不开和谐的文化生态环境。如果文化生态环境受到破坏，那么文化就会凋零、失落甚至畸形发展，只有构建和谐的文化生态环境，才能达到人类社会的可持续发展，最终形成“天人合一”的状态。

史晖在《那坡县念毕白彝服饰文化生态与保护》中从白彝民族服饰基本形制、民族服饰存在的生产生活环境及习俗文化环境、服饰的使用、服饰制作、村民对服饰的态度这几个方面论述了那坡县念毕白彝服饰的保护和传承都应放在整体的社会文化生态环境中，要坚持走“生产发展、生活富裕、生态良好”的文明发展道路。同时，对彝族服饰的文化记忆进行造访以及追溯村民们对于其原有的服饰文化内涵和审美体验，都能够帮助人们传承保护念毕白彝服饰文化生态。

杨明珠、杨涛、张扬在《文化生态学下花腰傣服饰的文化剖析》一文中指出，花腰傣是我国傣族中的一个特殊族群，至今仍然保留着较为明显的古民族文化特征，其独特服饰的形成与其尚古、崇尚自然及接纳外源文化具有密切的关联。传承民族服饰文化对于构建创新型社会以及保证当今社会的稳定具有极大的现实意义，因此应该高度关注服饰文化生态。

魏国彬在《云南潞江坝德昂族女恩藤篾腰箍的艺术生态学简释》中指出，根据马克思主义的内容来说，人类自身的再生产必须先于社会的再生产，前者的再生产主要解决衣食住行等生存问题，其最根本的途径就在于从大自然中获取原材料。这就要求人类必须适应其所生活的自然环境，提高自我的生存能力。研究文化艺术的宗旨就是要将其与生态环境结合起来，从生态环境的角度来追寻文化艺术的发生根源。同时，在关于生计方式与自然生态的关系的阐述中，作者引用了著名人类学家埃文思·普里查德在其田野调查名著《努尔人》中的论述，认为努尔人需要一种随季节在高山和草地之间往返迁徙的生活方式。努尔人把一年的生态周期分为湿季和旱季，在不同季节会生活在不同的地方，湿季时，村落的位置和规模；旱季时，迁移的方向都是由其生态学特征所决定的。

王洪波在《造型·生态·符号——海南黎族妇女服饰文化蕴涵透视》一文中认为，黎族妇女的传统服饰不仅体现了黎族人民对美好生活的向往和热爱，更是黎族人民发展、造型艺术和生态符号的体现，是他们与海南这块神奇土地上的自然环境、与本民族所形成的民族精神和性格相和谐的集中表现。黎族妇女服饰文化符号以及与自然的和谐发展正体现了深厚的生态学意义，它已经不仅仅是服饰，更是展现一个个动人的传说或者历史英雄故事的一部活的历史，也是一幅幅展现黎族人民与自然生态环境和谐共处的美好画卷。

陈丽琴在《论黑衣壮服饰传承的文化生态》一文中指出，黑衣壮服饰的生成与发展都一直都离不开其生态环境。黑衣壮服饰的文化环境系统是由围绕和影响其形成和发展的政治、经济、文化、宗教、语言等要素组成的综合体。

综上所述，目前学术界对于少数民族服饰的文化生态的研究主要集中在服饰文化的形成与发展与其所处的文化环境之间的和谐共处关系上，每一个少数民族的民族文化在世代的生息繁衍中都会不断地发展变化。不管是顺应自然的变化，还是顺应时代、社会的变化，都会直接影响到民族服饰。

（三）民族服饰与生态美学

生态美学是一种结合生态学和美学角度来探讨问题的存在论审美观。它提倡人与自然、人与社会、人与人之间的和谐一致，也是人自我适宜的生态智慧与审美之宜的价值揭示，唤起人们重回自然本真的想法。运用生态美学的角度来探讨民族服饰的最终目的就是告诫人们应该追求以服饰为中介来实现人与自然的和谐，以服饰为符号达到人与社会的融合，以服饰为媒介实现人自我之融合，最终实现绿色生存的理想。

将民族服饰中蕴含的生态观来启发现代社会的人类在制作和使用服饰时能够以保护自然生态环境为前提，形成互相依赖、和谐共生的关系。经济社会的不断发展进步促使更多的少数民族的穿着不再局限于传统民族服饰款式而逐渐选择简便的现代服饰以便融入科技昌盛、瞬息万变的现代社会，但民族服饰深厚的民族文化底蕴和强大的生命力是现代服饰永远无法比拟的。

吴蓉、陆小彪在《服装的生态设计与审美》一文中指出，生态服装设计已成为服装设计界的主要话题，因此生态服装的含义应从服装审美的自然环境和文化环境进行论证。服装生态学是从生态环境与服装关系的角度来研究的学科。随着人类对美的环境的追求以及人类生态环境危机的出现，服装的生态问题已经逐渐被众多服装界设计师认识并采取积极的应对措施。该文认为，全球民族服饰深受各族聚居地的地理环境、气候环境的影响。我国的东北、内蒙地区和北欧的各民族都由于寒冷的气候而倾向于穿皮毛制的服装。但一些处于严寒地带的山地民族如藏族人民的皮袍、靴子又与其他严寒地区不尽相同，衣服易于穿脱，并且拖着一只手袖，这是对青藏高原寒冷气候逐步适应的结果。此外，例如傣族、白族、水族、蓝靛瑶族等居住在我国云南地区的近水民族的服饰就给人以干净单纯的感觉，其以白、浅蓝为主的服饰正是当地的气候环境条件的视觉体现；又如服饰色彩以红、黑二色为主的彝族、佤族、景颇族等山地民族对生态环境中的火和山这两种自然神秘物的崇拜就是人们利用生态学进行服装审美活动的体现。

周玉洁在《从生态美学视角看贵州的少数民族服饰——以苗族为例》一文中以贵州少数民族服饰特征最显著的苗族为研究对象，从民族服饰生态美学角度入手，对苗族服饰文化所展现的生态特征进行论述说明，对充满生态美学的苗族服饰的寓意进行了三种解释：第一，它体现了人与自然共同存亡的生态和谐价值观；第二，民族文化符号依附于苗族服饰的外相，展现苗族人民的生活、内心情感之间和谐的生态体系，进而与其他民族文化构成和谐的生态关系；第三，苗族内部体系及其与他族的和谐社会关系。苗族服饰生态美学体现了人与自然的和谐美、色彩美、装饰美，其花纹和装饰是苗族服饰最贴切自然的典型标志，更重要的是，生命溯源、人文象征、宗教意义、生态系统关系在苗族服饰中主要集中体现在苗族内部社会关系尤其是婚姻状况上。

廖萍在《苗族服饰的生态审美解读》一文中概括了苗族的历史与自然生境，指出苗族服饰是特定历史与自然生境的产物，是开放在美丽苗寨里的斑斓花朵，苗族服饰之美源于苗族人与自然的和谐关系。换句话说，苗族服饰生态审美的根性在于自然造化，其质料色彩、款式造型、纹饰图案都与其周围的自然界有着密不可分的关系。苗族服饰体现了苗族人对诗意栖居的生态审美理想的追求。

罗茜晖在《普洱民族服饰中的生态文化》中，从普洱民族服饰出发，通过阐述服饰色彩审美中的生态文化、服饰工序中的生态文化两方面对普洱市内的哈尼族、彝族、佤族的民族服饰进行了简要介绍，突出该地区的少数民族的自然属性和生态内涵，具有重要的现实研究价值。

杨宁宁、谢芳在《生态美学视阈下的纳西族女性服饰》一文中指出，纳西族女性服饰功能和文化内涵、服饰色彩展现了与自然的和谐美，服饰演变体现了与社会的和谐美，突出了和谐美在民族服饰生态审美活动中的重要位置。生态审美活动是一种结合生态学进行的审美活动，重点体现人与自然、人与社会的和谐。

唐虹在《服饰的生态审美之宜——龙脊梯田场域壮瑶民族服饰的启

示》一文中，对龙脊梯田场域壮瑶民族服饰具有的启示做了介绍，认为服饰是联系人与自然的媒介，服饰的色彩、纹样、质料等源于自然；同时，服饰是联系人与社会的工具，在人与社会产生冲突时，服饰能成为政治的枷锁和思想的镣铐。此外，服饰还能实现人的自我适宜，是人与自然、社会、自我的和谐共处。

综上所述，人类在大自然中生存，应该学会用周围环境中的元素来装饰自己的服饰。大自然能给人以启发、深思的力量，是由于其美的色彩、线条、丰富的声音、理性的有序与和谐。色彩、裁制、质地和装饰是民族服饰的四大构成要素，每个民族的文化特质、民族历史演变等内容都需要通过民族服饰的特点和变化来显现。民族服饰的生态审美现象需要进入各民族所处的生态环境中去体验，例如，民族服饰色彩审美中的生态文化、服饰制作工序中的生态文化等内容，都是本民族的历史、宗教以及乐居生态的生动体现。

目前我国学术界在与生态学有关的视角下进行的少数民族服饰的审美研究大多集中在其与自然地理环境、文化生态以及生态审美这三个方面，但在生态学学科基础知识内容的运用和视角选择上并没有做到准确详尽，也还没有大胆尝试运用生态学专业最基本的知识内容来解释少数民族服饰的产生、发展与变迁。例如，少数民族服饰在陆地生态系统中的森林生态系统、草原生态系统、荒漠生态系统中的各自适用现象及成因；生态系统中的食物链、食物网、营养级以及植物群落分类现象对于制作少数民族服饰所需要的染料植物的生长情况的影响；生态因子和环境因子对于少数民族服饰的制作与适用过程的影响等。这些在生态学视角下需要考虑的问题还没有得到深入挖掘，这是今后学术界应该要尝试去结合探讨的问题，这将有助于生态民族学学科的广泛运用与发展，堪称一项刻不容缓的任务，值得竭尽全力去完成。

随着生态学学科与其他学科之间不断的交叉与深入发展，在学术界内运用生态学知识或角度来分析特定领域的现状的研究方法已经逐渐成为一种趋势。但由于大部分学者缺乏扎实深厚的生态学知识，在生态学学科与特定学科领域之间的知识衔接运用上没有做到确切到位，在生态学基础知识的运用和把握上缺乏说服力，因而在学科交叉结合上难免有些薄弱和牵强，这就需要学者们在进行学科交叉研究之前必须深入了解掌握生态学学科领域的基础知识，为今后的研究打好坚实基础。

目前，国内学术界对于少数民族服饰审美与生态适应性的研究成果并不多，特别重要的是，即使在研究中涉及少数民族服饰与地理环境、气候之间具有重要联系，也没有真正具体准确地运用生态学知识和理论进行更科学的论述，因而在说服力和准确性上显得欠缺。同时，在研究少数民族服饰的文化生态方面，我国学者研究的深度和广度都显得不够，不能全面地阐述少数民族服饰的文化生态系统，在少数民族服饰的生态审美方面运用的生态美学理论陷入了模棱两可、避重就轻的境地，因而本书将尝试补充并完善这些方面的缺陷。

总而言之，研究荔波布依族服饰的审美与生态的适应性具有一定的创新性和前瞻性，能够为布依族服饰文化的研究提供新颖的视角，也能为丰富我国民族服饰文化研究尽绵薄之力。

三、服饰审美的当代新视域——封氏生命美学的实践应用

（一）封氏生命美学的由来——关于“美本质”问题的探索

海德格尔认为，“美本质”必须具有绝对性、普适性和超越性。生命的内在规定“超越”一切时代和一切文化背景。选择“生命”作为“美本质”的逻辑起点可以解释一切审美现象。因为“生命”概念的内涵很大，它能完全界定审美的本质以及涵盖审美的全部内容。

一直以来，美学家们为美本质问题寻找过许多的逻辑起点，例如实践、生态等。封孝伦教授认为，“实践”不能作为美本质的逻辑起点，因为人的实践活动是由人的生命存在决定的，没有生命和生命需要的驱使，人便不会实践，也不会产生实践的各种内容和形式。实践论根本覆盖不了

所有的审美现象，例如自然、性、爱、人体等。

公元前300多年的著名的“柏拉图之问”开启了“美本身是什么”的问题之门。于是中国众多的美学家、教育家也从20世纪初的美学初创开始一直在回答这个问题，但最终还是搞不清楚问题究竟出在哪里。有人开始发问，“美本质”是否就是1903年威廉·奈德（William Knight）在《美的哲学》一书的开篇第一句话中说的“美的本质问题经常被作为一个理论上无法解答的问题被放弃了?”[①] 众多哲学事实不断告诉我们，这个答案是否定的。

哲学普遍原理认为，“本质”是事物的内部联系，从整体上规定事物的性能和发展方向，是使事物成为该事物的内在规定性。事物的“本质”需要通过对“现象”的研究来把握。需要承认的是，美是如此明明白白的现象，不带任何神秘的气息，也无须通过多方探索才能发现其踪迹，因此，美一定是有本质的，而且美的问题也绝对不是假问题。至此，柏拉图的“美是难的”这道解不开的符咒在应验了两千年之后终于开始失灵。我们现实生活中存在着如此丰富多彩的审美现象，产生这些审美现象的最基本问题应该需要借助美本质的介入才能得到真正解决的情况。当代美学家封孝伦教授永远不赞同有的人认为美本质问题说不清楚，因为关于美是什么的问题不但可以说清楚，而且可以说得很精彩。

对于美本质问题的思考和陈述，封教授认为中国美学家们的历史功绩不可抹灭。20世纪开始，中国在“美本质”问题解答的历史上就出现了几个代表人物。20世纪30年代，朱光潜指出美主要与人有关。他认为：“美不仅再无，亦不仅在心，它是心与物的关系上面；……它是心借物的形象来表现情趣”。[②] 而40年代的美学家蔡仪却指出美与人无关，认为“美是典型”，那些能“以非常突出的现象充分地表现事物的本质，以非常鲜明、生动的形象有力地表现事物的普遍性，这就是美”。[③] 50年代的美学家吕荧

---

①朱狄. 当代西方美学［M］. 武汉：武汉大学出版社，2007：165.
②朱光潜. 朱光潜美学文集（第一卷）［M］. 上海：上海文艺出版社，1982：163.
③蔡仪. 新美学（改写本）［M］. 北京：中国社会出版社，1991：97.

却很不赞成蔡仪的观点，认为美的立足点应该在人身上，美是一种观念。同时，李泽厚也看到了人对于美本质的重要意义，认为“美，与善一样，都只是人类社会的产物，它们都只对于人，对于人类社会有意义”①，他起初把美的本质定义为“人的本质力量的对象化”，而后又调整为“美是自由的形式”。高尔泰则从50年代的“客观的美是不存在的”转而到80年代的“美是自由的象征”。80年代的周来祥教授在经过对中西历代美本质论的考察之后得出以下结论：“我认为美是和谐，是人和自然、主体和客体、理性和感性、自由和必然、实践活动的合目的性和客观世界和规律性的和谐统一。”② 周教授的这种逻辑辩证逻辑的思维方法让作为学生的封孝伦教授十分敬佩，特别是其对本质的稳定和现象的变化这对矛盾的解决可谓极其成果。这些关于“美本质”问题的探索，在由人到物的大幅度摇摆之后，终于在中和的程度上趋于稳定。

综上所述，美学界曾经提出过很多关于美本质的命题，例如，美是典型、美是生活、美是主客观的统一、美是社会性与客观性的统一、美是自由、美是人的本质力量的对象化、美是和谐等，封孝伦教授也曾经在这些理论营地停留过。尽管以上这些美学理论从客体的物到主体的人的每个角度都扫描到了，但封孝伦教授始终认为他们的理论都集体陷入了两个怪圈：第一个怪圈是，尽管他们承认人们在审美活动中无论怎样受到肉体欲望的影响，但在给“美本质”问题下定义时不能容忍这些欲望的存在，换句话说，在他们的理论中，灵与肉、精神与物质、理性与情欲永远无法统一；第二个怪圈是，如果人们深入探讨并正视人的愿望、情感和意志在审美中的作用，或者只要侧重强调人，学界就很可能会不作深究地轻而易举将其视为“唯心主义”。这两个怪圈就像两颗杀伤力极大的地雷，将“美本质”问题的解答设置了重重障碍，美学家们无法干净利落地将答案抽出并摆在美学界的圆桌上，它们是后来旨在探索“美本质”问题的美学家们极力要排掉的对象，封孝伦教授显然通过常年的学术探索而巧妙地运用

①李泽厚. 美学论集［M］. 上海：上海文艺出版社，1980：59.
②周来祥. 论美是和谐［M］. 贵阳：贵州人民出版社，1984：73.

"美是人类生命追求的精神实现"的这个理论将它们顺利排掉了。尽管当下美学界有许多讨论得很热闹的问题，但封孝伦教授始终坚持用体系性的生命美学研究来回应时代审美问题的发生和发展。它的产生是时代的需要，也是封孝伦教授多年来不断进行独立思考和学术探究的最终成果。

（二）封氏生命美学产生的条件

1. 封氏生命美学产生的历史背景

20世纪70年代，沉寂了多年的中国学术理论界的一元化格局在西方现代哲学思潮的影响下逐步趋向消失，人们不再热烈地讨论认识论美学和实践美学，而是尝试从别的角度切入对美学理论的研究。到了90年代，改革开放的浪潮不断推动着对个人对生命的重新思考，如何在时代变迁、历史演进中安身立命，探索人类的生命存在和超越成为生命美学学派的最终理论要旨。这种理论的首创者是潘知常先生，他于1991年在其《生命美学》一书中认为，美学必须以人类自身的生命活动作为现代视界，换言之，美学倘若不在人类生命的基础上重新构建自身，就永远是无根的美学、冷冰冰的美学，休想有所作为。这个观点与封先生对于"美本质"问题的思考竟不谋而合。但遗憾的是，潘知常先生并没有对人的生命特性展开深入叙述并将之视为美学理论的根基，而是重新把人的生命本质置放在"自由"之上。其坚持生命的本质是自由，而"美是自由的"境界，"自由"这个美丽又诱惑的概念将其拖入了黑洞。继其之后，许多对生命美学理论的构建具有开创意义的理论著作也相继出版，例如，黎启全教授的《美是自由生命的表现》，雷体沛教授的《存在与超越——生命美学导论》，周殿富教授的《生命美学的诉说》，等等，这些著作大多是在实践美学与生命美学进行激烈的论争中对自己的理论开展具体论述。它们以对实践美学的超越或改革为初创动机，对以往形而上思辨的美学研究进行弃绝，具有明显的反理性和重人本的特点。

虽然美学界大都承认康德和费尔巴哈的思想理论是生命美学产生的哲学渊源，但19世纪上半期产生的人本主义的现代哲学思潮则才真正是生命美学理论产生的直接哲学背景。这些现代哲学思潮的共有特征是对传统理性的反叛和对个体生命的重视，他们在反对通过逻辑分析把握本质这一形而上的研究方式的基础上，主张把人的生存置于本体地位，从人的生存出发把握一切，认为人的生存即是本质，是解释人的一切活动的根源。[①] 叔本华的唯意志论哲学、萨特的存在主义、尼采的文化哲学、弗洛伊德的心理分析学和柏格森的反理性的哲学理论等都是生命美学理论产生的理论渊源。

然而，一个值得关注的现象是，在生态美学、休闲美学、生活美学等美学理论“前沿”所呈现的问题视域中，生命、生存、生活却始终是当代审美研究的关键词、高频词。[②] 这应该是生命美学的原理性研究亟待深入建构的强烈信号。

生命美学理论是以生命为逻辑起点的一种美学理论。它以对生存本体论的确立，对审美的感性、精神性、自由性、超功利性的强调，对从超主客关系出发将审美统一于生命活动等几个方面的探讨作为理论框架。[③]

目前，生命美学理论主要有以下几种观点：

第一种观点，是把生命作为美学逻辑起点，主张从超主客关系角度出发来研究审美活动。“生命美学强调从超主客关系出发去提出、把握所有的美学问题。在它看来，只有在超主客关系中的美学问题才是真正的美学问题（它们不再是知识论的而是存在论的）。在超主客关系中，本质并不存在……存在的只是现象……美学的领域是对必然性领域的超出……在其论文《审美的根底在人的生命》中认为：“人类生命存在，才是人类一切活动最古老、最基本、最坚实、最有力的根源。它是人类一切活动的起点，也是我们认识人类审美活动的逻辑地点……”[④] 同时，封孝伦先生在其著作《人类生命系统中的美学》一书中，以把审美活动放到生命中来考

①肖光琴. 浅论生命美学理论的产生背景［J］. 山东省农业管理干部学院学报，2009（5）.
②林早. 生命之辩——封孝伦教授生命美学研究述评［J］. 美与时代（下），2014（2）.
③林早. 生命之辩——封孝伦教授生命美学研究述评［J］. 美与时代（下），2014（2）.
④封孝伦. 审美的根底在人的生命［J］. 学术月刊，2000（11）.

察，并将其当作生命活动中最高的精神活动来研究，以实践活动为审美活动，隐藏了审美活动中诸如感性、个体性、精神性等特性。”① 审美活动是一种精神活动，诸如感性、精神性、个体性等特质，只能从个体的生命体验出发对美现象进行直接考察活动，而不能通过存在来追问本质，也不能通过现象追问来获得普遍的方法论。

第二种观点，是在超主客关系基础上来强调审美活动的自由性。这种生命美学理论对“自由”做了理论陈述。它认为，审美活动的自由不同于人在物质生产即实践中的自由，而是一种在人的生命活动中产生并在审美活动中得到的自由，它是超越实践的自由中人的活动的合目的、合规律的自由。

第三种观点，是主张以生命为逻辑起点来研究人类各方面的审美活动。以上观点主要由生命美学家封孝伦教授为代表提出来，并在其许多重要学术著作中充分体现该理论逻辑的强大性和实用性。

2. 封氏生命美学产生的现实基础

封孝伦教授于1987年初完成其硕士毕业论文《艺术是人类生命意识的表达》。该论文也被认为是其生命美学思想的真正起点，也是其常年孜孜不倦地独立思考的成果。封教授在该文章中厘清了各种关于艺术起源的学说，例如劳动起源说、巫术起源说等，他认为这些理论缺乏深度。同时，他认为格式塔理论和“积淀说”无法从人类审美价值内涵上对人类艺术现象作说明。在认真分析了食与性这两大人类艺术主题后，他归纳了从人类生命需要以及价值论角度来解释人类艺术行为的依据，最终，他提出了关于艺术的朴素认识：人类生命追求什么，他就在艺术中表现什么；他表现什么，说明他认为什么是美的；因此，人类生命追求什么，什么就是美的。至此，封教授已经提出了生命美学的基本理论框架。人们把美学又称为艺术哲学，也就是说，在哲学这个关于世界观的学说体系中，美学是与文学艺术关系最为密切的，甚至可以说，美学是文艺发生发展的理论基础

①潘知常. 超主客关系与美学问题 [J]. 学术月刊，2000 (11).

和指导原则之一。[1]

逻辑和艺术的交会就是美学。封孝伦教授从小喜欢唱歌和绘画，有一定的水平，同时，数学成绩一直名列前茅，这些优秀的个人经历都为他今后致力于美学研究而深深埋下了伏笔。这些基础教育阶段的所有学习使他明白，学习和研究美学，有一定的艺术素养和逻辑思维能力是比较重要的。

封孝伦教授的生命美学理论的思想由来可谓漫长和艰辛，这要追溯到大三那年。封孝伦教授有幸在贵阳听到复旦大学的蒋孔阳先生关于“美本质”问题的学术报告而首次接触美学并马上喜欢上这个带“美”字的学科。在大学毕业之后的二十多年里，他一直致力于思考美学中许多人人都在说却似乎又说不清楚的问题。“有些问题不推向极端看不出实质”[2]，这是他常年做学问的心得，也是他在今后的学术生涯中坚决奉行的信条。

“我老是琢磨那被人咀嚼过无数遍的陈芝麻烂谷子，执着地对一些别人思考过无数遍的问题作出重新思考”[3]，这是封孝伦先生常年来的治学态度——反复独立思考。例如，他对美学的第一次独立思考是从思考马克思的《1844年经济学哲学手稿》开始的。他在真诚地钻研并向学生作逻辑演示时，手稿中的两句话使他百思不得其解：其一，人不劳动就还不是人，只是动物；人只有劳动的时候才真正是人；其二，人劳动的目的主要不是自己的肉体需要和幼仔的需要，只是动物才是为这种需要。这两种说法实在让他想不通，也无法赞同。于是在认真阅读了黑格尔的哲学和美学后，封孝伦先生才发现青年马克思在《1844年经济学哲学手稿》中明显表述着黑格尔的“绝对理念”的逻辑，但这种唯心主义性质并不能解决美学中的自然美、人体美、美感的心理机制的问题，于是封孝伦教授开始摆脱黑格尔的这种唯心主义的束缚，走出黑格尔，走出马克思的这部早期手稿，并积极联系自己的审美实际来思考问题。例如，封教授认为，只有从人的生

①封孝伦. 二十世纪中国美学［M］. 长春：东北师范大学出版社，1997：1.
②封孝伦. 美学之思［M］. 贵阳：贵州人民出版社，2013：3.
③封孝伦. 美学之思［M］. 贵阳：贵州人民出版社，2013：5.

命出发，审美中的种种难题才能得以最终解决。[①] 人不是别的什么，人就是生命，同时还具有三重生命（生物生命、精神生命、社会生命），人的一切活动都服从生命需要。审美是以精神的方式或在精神的时空中完成的，只要对象满足了人的任何一重生命的需要，人便产生愉悦感，对象也就被称为是美的。[②]

确定了“生命”对于“美本质”问题的关键地位之后，封孝伦教授还曾对实践美学有过以下怀疑和质问，突出封氏生命美学产生的时代必要性：首先，实践美学不明白美感产生的原因，它只“证实”了主体的“本质力量”，使人产生了美感；其次，实践美学难以解释现实中没有经过人类实践过的自然为何会美；再次，实践美学难以解释为何有的实践活动会产生丑；最后，实践美学也难以解释那些不包含社会图案和单纯的颜色为何是美的。基于以上对实践美学的诸多质疑，封教授对生命美学的思考逐渐加深。20 世纪 80 年代，学者们刚刚走出思想的桎梏，进行独立的思考和探索，因此封氏生命美学是启蒙哲学的组成部分，也致力于让阐述人类个体生存意义的美学向哲学方向不断前进。实践美学在其建构和发展中不可避免地带有一定的局限性，生命美学的现实基础得以构建。

多年以来，封孝伦教授出版的各类学术论文和著作无不淋漓尽致地体现着其生命美学理论的思想精髓和理论脉络。《走出黑格尔》这篇文章是封孝伦先生对过去认真学习并且信奉的重要美学观念的一次清算，《从“自由”“和谐”走向生命》是他对“美本质”观念历史变化的一次描述，也使其为生命哲学日后的建立提供了重要理论基础。其硕士论文《艺术是人类生命意识的表达》指出艺术与生命有关系，人类创造艺术是有目的的，那就是在精神上实现生命追求，人类一切具体的行为都是为其生命的存在和发展而服务；《美与“自由”关系的反思》是其与“自由美学观”的最后决裂，《二十世纪中国美学》提出了一种认识 20 世纪中国美学的新

①封孝伦. 美学之思［M］. 贵阳：贵州人民出版社，2013：3.
②封孝伦. 美学之思［M］. 贵阳：贵州人民出版社，2013：3.

模型，在该著作中，我们可以看到一些富有创意的新的美学史范畴。封孝伦教授的专著《人类生命系统中的美学》的诞生是在为三重生命美学理论立论，而《生命之思》则是从哲学向度进一步系统建构为生命美学支撑的生命哲学。封教授对生命美学的思考从未停止，只要有机会能够为封氏生命美学提供学术论证的机会，封教授总会不遗余力地诠释和解读，例如，《生命与生命美学》和《生命美学的边界》这两篇论文正是其在近几年来对生命美学的不断思考和论述中产生的非常重要的封氏生命美学理论。

（二）人的本质何以是生命

多年来，美学界的许多关于“美本质”问题的讨论并没有形成完全统一的意见，但有一点是大多数人认同的，即都承认只有从人的本质出发才能找到美的本质。封孝伦等生命美学家们认为人的本质不是别的什么，人的本质就是生命，生命是一切行为的动力源泉，并且决定着人类的一切行为内容、行为方式和面对不同对象时所产生的特殊心情。[①] 换句话说，生命既有本原性又有自明性。人是有生命的存在物，其生命过程呈现生物学意义的“生长、发育、代谢、应激、活动、繁殖”等现象，因此人类作为生命体首先具有生物生命。它能自身繁殖，生长发育，新陈代谢，遗传变异，也能对刺激产生反应。[②] 人与动物的相同之处在于有生物生命，相异之处是人还有精神生命和社会生命，人并没有抛弃生物生命，而是把它扬弃（既克服又保留）在自己的生命系统中。[③]

从个体生命的角度观察，每个生命都在争取活得尽可能长久，都在努力以各种方式增强生命力，以更多地实现生命复制，并且推迟衰老和死亡的来临。[④] 人的本质就是生命，除此之外，任何别的界定都不能准确地解说人的“概念”。只有“生命”这个概念能把人的动物性、精神性、社会

---

①封孝伦．生命与生命美学［J］．学术月刊，沪 2014（9）．
②封孝伦．生命之思［M］．北京：商务印书馆，2014：64．
③封孝伦．人类生命系统中的美学［M］．合肥：安徽教育出版社，1999：411．
④封孝伦．生命之思［M］．北京：商务印书馆，2014：88．

性包容进来。人和动物的生命既相同又有发展，动物只有生物生命，而人类除具有生物生命之外还有精神生命和社会生命。人的生命是对自然生命的扬弃，克服了自然生命的片面性，又保留了它的合理性。①

根据生物学的特点，占据特点空间的，具有潜在交配能力的生物个体群，都叫作种群。人类同属一个生物种——哺乳动物纲灵长目人科、人种。刘广发在其编著的《现代生命科学概论》中提到："生命蕴含在生物之中，生物是生命的表现形式。"② 归根结底，布依族的本质就是生物，换句话说，布依族作为人类的一部分，具有生物所具备的所有生命特征。在该书中，作者还提到："生命是自然界物质运动的高级形式。它出于自然而胜于自然。它包含了物质的同化与异化、生物的生长与繁衍、能量的吸收与转化、信息的接受和反馈等多项运动形式。由于物质转化运动形式不同，便产生了璀璨斑斓的万千生物。每个个体从其诞生之日起就与大自然持续抗争，历经婴儿期、幼儿期、少年期、青年期、中年期，最终难以为继这种代价高昂的高度有序化的存在方式，逐渐走向衰老、死亡，回归自然，实现热力学平衡。这就是生命，大自然历史长河中此起彼伏的匆匆过客。"③ 尽管我们很难给生命下定义，但不得不承认，生命具有一些共同的规律，即新陈代谢、生长发育、遗传变异。生命是生命体的活动得以发生的驱动力。人是有生命的存在物，人的生命过程呈现了生物学意义上的"生长、发育、代谢、应激、运动、繁殖"等现象。从生物学意义上来说，人具有生物生命，这是思考人的哲学都无法回避和否认的客观存在，也是研究人的本质的最基本问题。

（三）人为何是三重生命的统一体

作为 20 世纪 90 年代生命美学的中坚力量，封孝伦先生以生命为人类审美的第一逻辑起点的独特生命美学理论为我国的生命美学学科建设提供

---

①封孝伦．生命之思［M］．北京：商务印书馆，2014：58．
②刘广发．现代生命科学概论［M］．北京：科学出版社，2001：62．
③刘广发．现代生命科学概论［M］．北京：科学出版社，2001：64．

了重要的理论贡献。他以“美是人类生命追求的精神实现”为核心命题，并以三重生命学说为支撑，建构了一个系统完整的生命美学理论体系，并且巧妙直接地解决了千百年来关于美的本质是什么的问题，真正解释和囊括了人类审美活动中的各种现象，为文化各方面审美领域提供了独特的研究视角，这种生命美学堪称美学理论界的伟大独创。

封孝伦教授的学术思想本不以美学为限，而兼有深广的哲学情结。在其学术事业中，哲学与美学水乳交融，相得益彰。他提出了人的本质是生命的命题，通过学理层面论证并关联政治、自由、真善美等价值领域做系统化阐释，构建了一个新的生命哲学体系，具有极高的学术价值和理论意义。这种哲学集本体认知哲学、主体实践哲学、整体价值哲学于一体，凝聚哲学发展历史的成果。他回答了人的生命从何而来，向何走去，人的生命意义如何形成与发展，人的生命价值如何选择与建构，人的生命如何永恒等一系列带有根本性和终极性的问题，是独具特色的发展论哲学。在现代社会中，我们都强调以人为本的发展观，封教授的生命哲学理论为这个发展观做出了颇具哲学智慧的阐释，为当代人类的发展提供了清晰的路径，对人生的意义做了系统性的回答。与生命美学属于同源性学科的生态美学也是封先生关注的问题，生态美学的建设不仅要以生态哲学为指导，还要学习生命哲学的理念。

（四）美为何是人类生命追求的精神实现

封孝伦教授认为，美就是生命追求的精神实现，是一个人与客观对象的现实审美关系的规定。[①]这就像理想这个事物不过就是与人的奋斗目标相联系的有实现可能性的想象一样，它主要包括了人类生命追求的精神实现的三个环节，即追求、对象和精神实现过程。这个潜在和模糊的对象满足生命追求所需要具备的条件，它在衡量现实对象的过程中担当着尺度的角色。尽管如此，理想中的对象的形成仍然需要具备两个前提：一是作为物

①封孝伦. 美学之思［M］. 贵阳：贵州人民出版社，2013：65.

质生命体的人体主要追求什么，另一个是客观自然和社会条件可能提供什么。正因为美是理想，并且不同的人、不同的阶级有不同的理想，所以这世上才会存在各式各样对美的追求。有的人追求名利，认为名利就是一种美；有的人追求宁静自由，认为宁静自由就是一种美，有的人终其一生去追求爱情的真谛，认为爱情就是世上至高无上的美。各种不同的理想构成了人类生命理想的不同侧面，汇聚成人类向前进步的巨大洪流，拓宽和延伸着美的领域。

因此，从生命角度来分析了美的本质之后，我们对实践美学中的许多理论就有了新的认识。例如，人类之所以会产生美感就是因为眼前的对象在某一方面能够满足人的生命追求；又如，有的人类创造的产品是美的，而有的是不美的，这主要是由于前者能充分满足人类的生命需要，而后者在某种程度上否定或毁灭了人类的生命需要；再如，一些自然环境之所以美，就是因为它们在某一时间段内满足了人类的生命追求，然而过了一段时间之后，这些原本美的自然不再被人们追捧，就是因为它们不再体现着人类彼时的生命追求，甚至压抑或毁灭了人的生命追求。

在找到美的本质之后，封教授重新认识了人类的各种审美活动和审美现象，提出了真、善、美的三重性，提出了“原始荒诞”“原始崇高”“审美场”“审美转换”“审美疲劳”等新的审美范畴。特别是在对“审美场”这个全新的美学概念的阐释上，封孝伦教授做出了精彩纷呈的演绎和解说。例如，在《二十世纪中国美学》一书中，封孝伦教授指出：“艺术与审美，美的实践与理论所遵循的，不是理想思辨的逻辑，而是社会情绪情感充电的逻辑。”于是，富有人的感性生命气息的美学概念“审美场”诞生了。“特定的生存条件和社会关系产生的全社会总体的生活态度，构成了人们进行审美活动的审美场，这是一种氛围，是日常生活中弥漫着的有社会时代特色的情感、情绪，是人们进行审美活动时的心理大气候，它像空气一样进入人心，看不见，但我们却能感受到它强烈的存在……审美场决定或者说制约着人们的审美倾向和审美选择，这也直接决定了一定艺术品类的兴旺与衰微。"[1] 这就为我们理解许多艺术和审美现象提供了另一维度的思考，为从感性生命出发建构的生命美学理论增加了社会历史文化的维度，保证了生命美学逻辑在面对不同时代的审美文化的有效演绎。

（五）三重生命要义解析

生命是人类审美活动的一切问题和形态的总根源，尽管生态在生态文明时期是重要的话题，却不是永恒不变的话题，人类生命的存在和发展才是。

近几年来，各个学科领域都在广泛强调“生态”理念，而且大有滥用并走向同质化的趋势。很多经济行业为了打响自己不同于他者的品牌效应而标榜自己的产品是绝对“原生态、无污染”的，这无形中抬高了自己在同行中的竞争地位。

然而，真正良性的生态应该从呵护人类生命的角度出发，并且从人类长远生存与发展的角度考虑。人类生命是生态建设的逻辑前提，主要是因为人类生命的长远生存与发展决定着生态建设和保护的目标。人类生命可以以很多种方式呈现，人类生命的存在与发展永远贯穿这些命题的始终。人类生命是人类审美活动的最终决定因素，是美学学科建设的第一逻辑起点。只有从呵护人类生命长远生存与发展的角度考虑的生态才是真正的生态、良性的生态、美的生态。因此，荔波县布依族服饰在经过与其他地区的布依族服饰抑或是荔波县境内的其他民族服饰对比后才能发现：尽管服饰的款式、图案、色彩等存在很明显的差别，但这些民族服饰都最终体现了该地区民族长期与周边的自然生态环境以及人文生态环境互相适应并相互作用的结果，这是人类生命在与生态环境和谐共处的自主选择的结果，体现出“生命至上、生命为先”的时代主题。

一种新的学术理论的创立不应该只是停留在理论的提出和阐释上，而应该逐步进行体系性的构建，还要具有深厚的学术价值和实践价值，否则

①封孝伦. 二十世纪中国美学 [M]. 长春：东北师范大学出版社，1997：1.

只能消融于空泛的理论之海中。因此，值得庆幸的是，封教授独立的生命美学理论立足于中国现代学科的发展背景，融合中西方美学研究，关注中国美学理论的现代性建构，将理论广泛具体地运用于实践研究中，解决了全球化背景下各种现代美学命题，满足了现代中国美学发展的迫切要求。

目前，在应用美学的研究中，封教授结合社会历史文化，不断探索“人的生命需求”，将生命美学理论运用于贵州少数民族审美文化的研究。为西南一隅的少数民族文化的美学研究提供了独特新颖的视角，为民族服饰、建筑的美学研究烙上“生命”的烙印，指引学者们从封氏生命美学理论的视角来探讨一系列少数民族文化的审美现象，进入“生命”符号探究的世界，从生命美学角度探讨民族审美现象的学术成果也逐步应运而生。

遮蔽了人类的任何一重生命都有可能导致人们偏离轨道，比如，如果生物生命被遮蔽的话，往往就会忽视人类的生理需要，产生反人性、逆人道的扭曲心理，抛弃了人类生命的最基本特征；如果精神生命被遮蔽，就看不到人的精神生命需要对人的生命活动以及对社会发展的重大决定作用，否定了人对精神享受的需求；如果社会生命被遮蔽，人类便会不明白社会如何运作。

因此，“人是三重生命的统一体”这一“人本论”能够解决生命观所带来的理论难题和现实问题，对人的生命的理解更加全面、系统、科学，富于强大的辩证精神和深刻的哲学理性。将这一学说运用到人类生命文化中重要体系之一的服饰研究上，具有重大的意义，能够从一个新颖角度阐释人的生命系统特征。

四、“三重生命”与服饰

（一）生物生命中的服饰

服饰的最初功能是满足人们的生物生命的需求，这是其满足人们生命追求的精神实现，也是生物生命美的体现。本书第一章节将进行重点分析论述。

服饰最初的功能就是遮体保暖，这是人类最基本的生命特征的需求，人们为抵御各类极端天气而穿上相适应的服装。人类的诞生是生命数十亿年演进的结果，而非某种“绝对精神”的突发奇想和异化创造，根据人类从猿类演变而来的科学事实证明，动物生命的许多刚性本质也在人类身上存在。即使到了人类文明程度较高的今天，这些本质仍然存在，换句话说，尽管到了科学技术发达的今天，人类可以通过各种技术来改变极端气候对自身的影响，但服饰的生物生命功能仍旧稳固地存在。封孝伦教授在其《生命之思》一书中提到，决定生命得以存在和延续的规定性就是三大本能追求（即三大欲望）：追求活着、追求爱情、追求长生。其中，追求活着就是人类生物生命追求的体现，这也是服饰能够满足人类生物生命的最初功能。只有认清人具有生物生命的这个事实，才能全面地分析人类的本质。人的生物生命是人的基础，不可能丢弃这个物质基础而去谈论精神生命或者社会生命。

（二）精神生命中的服饰

本书在第二章“愉悦获得”论题当中，对人与服饰、人与他者的哲学关系做出了精彩的论述。

人与动物的重要区别是人还具有精神生命，人的“精神生命”不是我们刻意标新提出来区别于动物的抽象概念，它是一个客观存在。[①] 精神生命与人的生物生命、社会生命相互区别，共同组成人的生命。人的精神生命，是自己想象中的生命，是有着生命体、生命冲动、生命追求、生命过程、生命体验的精神世界中的自己。[②] 当然，在达尔文看来，动物和人一样也有想象、情感等心理活动，但动物不可能有宗教信仰，也不可能创造艺术和欣赏艺术，这就是人有精神生命活动参与的例证。当我们认为人有精神活动时，人的精神就被看作人的生物生命的附着物，人类的精神活动

①封孝伦. 生命之思［M］. 北京：商务印书馆，2014：101.
②封孝伦. 生命之思［M］. 北京：商务印书馆，2014：102.

受到人的生物生命的局限。人们会将自己精神上所要寄托或者留存的东西通过服饰这个媒介来完成。例如：如果人们想要表达自己对周围自然环境中某种动物或植物的喜爱，就会将其绣在服饰上，由此便产生了艺术；如果人们想要将生活中某一个欢乐的场景记录下来，但又缺乏现代社会的科技帮助，那么也可以通过服饰来完成这个心愿，这就是服饰的精神生命，它们满足了人类对精神生命的追求，能够为人类提供精神寄托。

（三）社会生命中的服饰

本书在第三章“服饰何以需要去阶级化”中，有力地证明了服饰的政治功能，并对服饰在当代经济领域充当的角色功能作了全新解读：服饰除了承载美的功能之外，在当代社会还充当了一种划分经济阶级的角色。

第三章整体主要从社会生命的角度对民族服饰进行了深入探讨，人使用服饰去确定自己的社会身份。

如果仔细地去分析服饰与人们的千丝万缕的关系，就会发现它不仅是遮羞避体、保暖时尚的法宝，更是体现着人类生命追求的最佳佐证。

人们因天气变化而改变穿着，也为使自己融入社会工作而选择适宜的搭配，在不同的社交场合更是突出个性服饰。因此，服饰已经很明显地体现出人类三重生命的追求。

生命美学侧重于生命体验带来的灵动之美，以及由此而生发的以自由为核心的学科本质和偏于有我之境的生命意蕴。兴起于 20 世纪 90 年代的生命美学将实践美学所集中关注的高度抽象化的类属性与社会属性回归到审美活动中，个性化、多样化地反省生命形式本身，进而深入探索其内在的深层精神本质与情感本体。生命美学的目的性存在于以感性经验为依据的所有内容，但它又总是试图超越已有或未曾达到的审美经验范畴。人类的逻辑思维不可阻挡地延伸至之前并未涉及的领域，认识的边界也在不断地拓展，不断探寻着生态世界里客观存在之现象、事实以及规律。

生态问题固然重要，但是不比人类生命活动本身的问题重要。生态环境只是人类生命活动的环境。生命美学因为关注了人类的生存危机而关注了生态危机，因为关注了人类的生命存在而关注了人类的生态存在。生态危机的出现并不能简单归咎于人类中心主义，也不能简单寄托于生态中心主义来解决。生态危机的背后原因应该是一种“他律”的责任观与价值观。把自然作为人类改造、奴役和敌对对象的现象并非自由的人类的所作所为。这些改造、役使和敌对都是一种外在于人类的意志，也是一种置身于人自身之外的“他律”。人类在这些“他律”之中不但没有获得自由，反而丧失了自由。生态危机出现的根本不在于是否以人类为中心，而在于以什么样的人类为中心。生态文明必须是人类自由精神的体现，而且是人类的自我立法和自我规定，必须是人之为人的自由象征，必须满足人类和自然的本性，同时还要让人类和自然活着，必须是对于在与自然和谐、平衡的基础上进行改造、利用自然界的人类活动的选择。

诞生于西方19世纪末重要美学流派的生命美学主要以人对生命活动的审视为逻辑起点，同时以人的生存环境和状态的考察为轴线而展示人的生命过程。生态美学以自然、社会、生命三个维度的审美价值为追求，在生命美学中呈现出身体美学—生存美学—生态美学的有机统一。在美学价值建构中，身体作为生命的现实存在，具体表现为生存，生存的现代样态即为生态。

20世纪90年代的生命本体论美学虽然有很高的自我期许和自我定位，但它具有浓厚的乌托邦气质，对审美自由和感性的滥用，使它在“片面的深刻”中陷入了新的困境。

人类生命个体化的精神世界中的美感体验，依凭有限的感官媒介，主要集中在符号化的审美创造与艺术世界中。精神的丰富性与流动性极大地拓展了可供生命本体体验的空间。生命是生态的原点与起点，它承载着人类最细微、最敏感的肉体震颤与灵魂低语。生态则是生命生发之前的背景，之中流变的形态，之后发展的依托，也是生命融入其中的母体和语境。生命构成了生态存在的基础，也构成了超越人类生命的生态系统的具体内容。

人类生命的实践活动成为人类学研究的主要对象，人类生命的美感体验与审美创造也成为美学的重要研究对象。生命的所有构成与活动，无不在生态的涵盖范围之内。生态之规律引导生命走向更高的生存境界与审美境界。

人类作为地球上最高级的物种，生命美学将无可避免地将自身对外界的认知、体验、经验乃至超验感受，作为其美学体系生发的根源。美学必须以人类自身的生命活动作为自己的现代视界。①

人类生命因为自由目的的实现才有可能实现更高层次的美感，因此，生命的自由实现虽然不完全等同于生命美感，但是，它确实是生命美学的核心价值与判断标准之一。自由所要对抗的是一个充满必然性的世界，而生命正是在确定的社会文化系统中，遵守并超越必然性，进而完成自我生命乃至整体生命的思想精神的自主表达与行为方式的自由实践。生命美学追求的是自然经由艺术创造而实现的人化之美。

艺术是人类生命之审美体验向生态化世界延伸的触角和手段，传统的艺术能够将生命存在以艺术化的方式引向无比超脱的审美世界。生命美学在传统美学的基础上，强调凸显了人类审美世界与特定美学阶段，生命精神与美感体验的重要性，其最大的价值是引领人们走向审美的人生。生态最初的含义是指生命体与周围环境的关系。它有着涵盖与超越生命起点的条件与潜质。

生命本体论美学除了在审美之境的呈现与中国古典美学神似外，对西方美学理论资源的借鉴，则大多和自叔本华以来的非理性主义哲学传统有着密切的关系。毫无疑问，这种美学在促进人的解放中曾起到过重要作用，但它对人的内宇宙的过分专注也造成了感性、欲望、情感等内在力量的过度泛滥。这种泛滥不仅使“非确定性”成为唯一的确定性，而且由于他自身领域和现代心理学倾向合流，使人性与兽性失去了界限。同时，在个人与社会的关系上，这种美学由于过分强化生存的残酷性而失去了和现实达成谅解的可能。它要么在人的内宇宙的深渊打捞出虚无、厌倦、焦

---

①潘知常. 生命美学［M］. 郑州：河南人民出版社，1991.

虑、烦躁等厌世主义的范畴，以此作为回归内心世界的前奏；要么以过度膨胀的激情主义来无端挑起与主流社会的对抗，借此为自己树立起新超人的圣像。

很明显，对于生命本体论美学来讲，如果感性生命的泛滥缺乏理性的必要规约，如果个体主义的审美理想缺乏和社会共融的可能性，那么不管它为人的自由解放展示了多么美好的景观，最终都会因其鲜明的乌托邦特质而成为浪费情感和智力的无效劳动。

生命本体论美学放弃了这种关于审美起源问题的前美学研究，而是将审美活动作为一种潜在的实施接收下来，然后直接关注"审美何为"，关注审美活动的展示形态。这种转型使美学研究摆脱了学院式的烦琐论证，具有“目击道存”“直指本心”式的简捷性。同时，它对审美史与社会发展史关系研究的悬置，也使它对人审美直觉、审美情感的充分信任有了逻辑的必然。

生命本体论侧重于对审美活动内部构成的审视，将美交给人本身而使其成为体验的对象。生命本体论因为将美当成了个体生命的展示形态，明显比实践美学更贴近美的内在本质，但它一味将审美活动寄托于人的心理体验，也明显导致了对其进行科学探讨的巨大困难。这很容易使人想起一个物理学科上的常见命题——人坐在筐里，自己是无法提起自己的。生命本体论美学试图不借助任何外在参照而直逼美的核心，这种以美悟美的方式固然是一种理想化的美学方式，但它在自我飞升过程中所呈现出的无迹可寻的虚幻性，使它无法祛除非学理化的污点。

敬畏生命包含了对各种生命的敬畏，它从文化国家和文化人类的视角回应了我们对生命意义和伦理动机的诉求。学界将敬畏生命论证为伦理学的第一原则，并做了哲学和伦理学的提升。出现在 20 世纪并流行丁 21 世纪的生态文明是一种反思现实的用词，是人类反思目前遇到的生态危机而提出的生态愿望。它要求人类必须为自己对生态环境所犯下的罪忏悔，重新回归敬畏生命的文化起点。文明本身蕴含了人类对生命的敬畏之情，没有对生命的敬畏，文明就不成为文明了。

五、布依族服饰研究现状

布依族是主要聚居于我国贵州省境内的土著民族。目前国内对于布依族服饰的研究有较多成果。20 世纪 90 年代以来，国内开始从美学、历史学、社会学、人类学等角度对布依族服饰进行研究，关注点主要集中在其形制、图案、图腾崇拜、演变历史等方面。

吴跃洪在《远古遗韵——浅谈布依族服饰图案与图腾崇拜》一文中提到，布依族作为我国最早耕种水稻的古越人的后裔，其服饰的产生与农耕社会有密切联系，农耕民族特别崇拜和稻作方面有关的自然物，如山、水、地、太阳、天、雷、谷神、树木等。该文从布依族的龙图腾、鱼图腾、牛图腾以及其他类似太阳崇拜、天崇拜、山崇拜等进行了论述，认为布依族服饰是其适应依山傍水、气候温热湿润、物产丰富多产等因素所带来的生活、劳作习俗的体现，同时云山雾水的地理环境和本民族悠久的人文生活内容也陶冶出布依族淡雅洁净的生活情调和审美情趣。布依族服饰作为功能符号系统显示出这种朴实清丽的审美情趣。

周志清在《悠久的布依族服饰文化》一文中指出，布依族服饰的制作集蜡染、扎染、挑花、织锦等多种工艺技术于一身，反映出独有的审美特征。特别是布依族的蜡染和扎染、浆染、枫叶染、绞染、夹染等工艺及其制品，色泽典雅并富有层次性，显得古朴大方，为中国服饰文化增添了光彩，具有强大的生命力和艺术感染力，是祖先千百年来遗留下来的文化遗产，是蕴含着深厚丰富的民族文化内涵的民族瑰宝，应高度重视。

张传俊在《论布依族服饰的发展与创新》一文中就布依族服饰文化的地位和作用、发展历程、创新三个方面来对布依族服饰在走可持续发展之路、实行西部大开发的过程中的重要地位给予了极大肯定，尤其是在贵州省致力于建设旅游大省的前提下，打造“布依风情”的理念势在必行。该文还指出，布依族服饰的发展历程与其居住环境、经济生活发展水平和民俗特色密切相关，经历了由简单到复杂再到简单的发展历程，体现了布依族妇女心灵手巧、善织好绣的传统美德、热爱大自然的爱美天性和美好心愿。如何保持布依族传统服饰的基本特色，以彰显民族特征，同时与时俱进地进行创新，使之符合现代人的审美要求，是布依族服饰发扬光大的重中之重。

纵观学界对于布依族服饰文化的研究内容可以得知，作为我国最早耕种水稻的民族——古越人的后裔，布依族服饰的产生与农耕社会有着密切联系，其服饰的形制、色彩等无不体现着与生态环境的适应性。21 世纪以来，学界对布依族服饰与生态环境适应性、对布依族的审美观与生态环境之间的关系的研究都开始逐步增多。

例如，韦磐石、张军等在《论布依族文化审美情感的当代价值取向——黔西南布依族文化心理的发展与变迁》一文中指出，布依族以“和”为美、关注生态的审美文化，承载和激发了使生命充满美好与欢乐的审美情感，表现出天人亲和的自然哲学、生命哲学的世界观和价值取向。这有助于当代社会“人性分裂”的温暖与弥合，有助于审美文化的自然宁静与整体美丽，也有助于布依族审美文化的保护和发展。人类审美精神的生命本质在于表达爱与美，美使生命富有追求自由的力量，爱使生命充满喜悦和欢乐。布依族审美文化充满对自然与社会和谐的热爱，展现了中华民族审美文化的崇高境界和清纯情感。在布依族心中，决定审美价值取向的是超于人之上的自然，自然不仅赋予天地万物生命，而且使审美文化创造充满活力。

韦启光、石朝江等编著的《布依族文化研究》一书中指出，布依族尚蓝的色彩审美观，与其日常生活环境和社会环境分不开。布依族人民的蜡染色泽最能与大自然的湖光山色相协调，反映了其怡然自得的农耕生活方式。

吴文定在《布依族服饰与地理环境》一文中认为，地理环境为布依族服饰提供了必备的物质原料，对布依族服装款式产生了深刻影响。同时布依地区山多林密，植物种类繁多，丰富的染料资源为布依族印染工艺的发展提供了重要的物质基础。此外，布依族服饰的图案也体现了地理环境对

服饰的决定作用。

许静涵在《布依族服饰纹样的美学研究》一文中从自然地理环境、宗教信仰两方面论述布依族服饰文化的美学特征，同时还从“物由心生”的世界观、“师法自然”的价值观两个方面对布依族服饰纹样的美学认知与价值进行阐述。

王金玲在《布依族服饰民俗中的文化生态》中指出，布依族的服饰文化由多种文化元素构成，这些元素之间相互作用和影响，从而建构出复杂的文化生态系统，与布依族人民所处的自然系统、生产、生活系统互相影响。该文从布依族服饰的色彩、图案、工艺这三方面入手，力求从细部对其所内蕴的文化生态进行挖掘，从而窥视出布依族人民对大自然的独特理解以及为其服饰文化所注入的深层精神生命。

黎汝标在《布依族色织布工艺研究》一文中，从布依族纺织工艺渊远流长、色织布纺织工艺及练染技术、色织布花纹内涵分析、色织布的开发前景等方面描述了荔波布依族服饰（色织布或者土花布）的重要审美价值，突出土花布既具有悠远深厚的文化内涵，又有丰富多样的形式美，堪称民族工艺之花。

李瑞、莫志勋在《荔波布依族手工纺织花布的发展》一文中从古老手工纺织业的初始、荔波布依族手工纺织花布的传统工艺流程（脱籽制纱、染线、排线）两个方面论述了贵州布依族土花布这个保存了1000多年的原始手工纺织工艺以其图案造型精美、特殊的材质肌理彰显出的布依族人民的勤劳与智慧。

覃会优在《荔波布依族土花布的艺术特色》一文中从荔波布依族土花布的产生与兴衰、工艺与制作、艺术美、传承与开发这四个方面论述荔波布依族服饰的基本原料——土花布，彰显出布依族人民既偏爱质朴自然的美，又追求艺术韵味的美，既讲究对称和谐，又把握多样统一，既注重使用价值，又充满艺术特征的审美趣味和标准。[①]

---

①覃会优. 荔波布依族土花布的艺术特色［J］. 前沿，2011（24）.

陈宁康在《荔波县布依族色织布调查》一文中指出，荔波布依族人民几乎家家有织布机，妇女人人能织布，穿着、铺盖用的棉布历来均自种、自纺、自织，除了平纹、斜纹布之外，尚有以蓝、白、青三色为主的棉纱织成的色织布。该文中从布依族色织布的历史渊源、生产技术、前景等方面对荔波县布依族色织布进行全面调查。布依族色织布的织造工艺是十分精良的，艺术水准是很高的，且具有相当的实用价值，因此毫不夸张地说，布依族色织布属我国当代一流的手工色织布。

杨倩、张思华在《贵州省荔波县布依族服饰的传承与保护》一文中对荔波布依族服饰的传承和发展所面临的无人继承的状态进行具体的市场调研和分析，并提出布依族服饰制作工艺教育进入学校、成立布依族人才培养公益基金、将布依族服饰推向市场等建议。

贵州省荔波县的布依族世代居住在当地已有一千多年，有丰富深厚的服饰文化与历史。荔波布依族服饰具有"嗜格"的明显文化特征。本书希望通过运用封氏生命美学的新颖视角来探讨贵州荔波布依族服饰的新美学研究理念，突出表现民族服饰审美的深刻内涵和独特韵味，从"审美的根底在于人的生命"的逻辑起点出发，探讨民族服饰的产生对于体现少数民族主体生命追求的重要意义。

第三节　本书的研究目标、意义、理论和主要内容

研究目标：本书希望通过运用封氏生命美学的新颖视角来探讨民族服饰审美的深刻内涵和独特韵味，从“审美的根底在于人的生命”的逻辑起点出发，探讨民族服饰的产生对于少数民族主体的生命本身意义，分析民族服饰产生背景、发展脉络、变革特征与其民族自身的生命诉求之间的密切联系，突出民族服饰的生命元素的运用对于现代服饰设计的积极借鉴作用，彰显民族服饰强大的生命导向力和凝聚力，为丰富民族服饰的内涵性和时代性提供助力。

研究意义：通过运用生命美学视角来重新探讨民族服饰审美的内涵，可以为我国民族服饰审美的时代性和创新性提供独特思维，丰富现代服饰界的设计灵感和创造元素，为我国少数民族服饰文化宝库提供珍贵资料，为现代服饰界审美元素提供借鉴，同时为中华民族服饰文化走出国门、走向世界提供推力，也促进了我国少数民族文化在国内乃至世界的传播交流，为践行“美美与共，天下大同”的民族文化审美观而不断努力，充实中华美学研究范畴。

研究方法：本书主要采用文献研究法、参与观察法、访谈法以及跨文化比较研究法等对荔波布依族服饰文化进行深入研究。首先，笔者通过收集大量与布依族服饰相关的文献资料，并深入荔波县布依族多个村寨进行田野调查，通过参与观察与深入访谈当地布依族人民各方面的文化系统，特别是对布依族服饰的文化风俗做近距离观察和亲自体验的方法对布依族服饰深入了解探讨；其次，本书将结合跨文化比较法对荔波地区布依族服饰和其他民族服饰进行探讨，突出布依族服饰独特的审美特质和内涵；然后，本书将通过解读布依族的古歌神话及传说，具体研究和分析布依族服饰独特的

美学内涵与本民族的宗教信仰和社会关系状态；最后，本书通过对荔波布依族服饰具体美学形式进行描述和抽象辨析，通过与汉族服饰、现当代国际化服饰进行比较研究，对服饰的视觉形式美学如何实现做出具体剖析。

主要理论：本书主要以封氏生命美学理论为研究视角，探讨贵州荔波布依族服饰审美的新型内涵，从全新角度来探讨荔波布依族服饰审美的创新；本书还运用服饰基本美学原理、服饰接受原理等理论来探讨民族服饰对人类的主要功用以及其产生的背景和缘由。

首先，本书主要运用斯图尔德的文化生态学理论来探讨贵州荔波布依族服饰的产生与周边的生态环境之间的密切关系，突出自然环境、社会环境对于其服饰文化产生的重要作用，彰显其服饰文化与生态环境的高度适应性和互动力，探索荔波布依族的生物生命追求对于服饰产生怎样的审美需求；其次，本书将通过服饰符号学、艺术学等理论对贵州荔波布依族服饰所特有的“方格纹”进行深入分析和阐述；通过视觉形式、造型特征、线条美与色彩美来探讨服饰审美的本质问题；通过对其神话故事、古歌艺术等方面彰显其图案、色彩与其他少数民族服饰之间的差异性和独特性，突出荔波布依族服饰展示出布依族人民丰富且深厚的精神生命追求；然后，本书还将运用博厄斯的历史特殊论理论等内容对贵州荔波布依族服饰所彰显的社会生命进行全面细致的分析，同时还通过英国功能主义学派理论、象征人类学理论来探讨荔波布依族服饰如何彰显布依族人民的社会生命追求；最后，本书将突出从生命美学视角去探讨民族服饰审美并试图去解决审美活动中存在的普遍问题，为解决现当代服饰设计困境以及服饰审美怪象提供一定的新颖视角和思路。

本书除了运用美学学科的生命美理论之外，还采用了文化生态学理论知识、民族学实地调查法、历史文献研究法、历史学、艺术学等学科研究背景，深刻阐释荔波布依族服饰如何体现布依族人民的三重生命维度，彰显布依族人民蓬勃向上的生命追求和欣欣向荣的生命活力。同时，伴随着布依族服饰文化所体现的内容，还包括布依族聚居区的地理环境、生产方式、风俗习惯、宗教礼法等方面的内容。

第一章

生物生命视域下的荔波布依族服饰

生物生命的存在不仅仅是“存在”，更是作为精神生命和社会生命的根基而存在的，这样的基础要素，需要活的，而且具备“活得善好”的本能渴求。动物界的生物生命也要活得“善好”——健康有序，生生不息，万物生态呈现出一副天然的美好状貌。在人类的观察之眼中，这便是动物的生物生命之美。那么特属于人类的生物生命呢？显然不仅仅是自然之美，还需要以此作为基础托起精神生命和社会生命，以达到三重生命的“善好合一”，如此才能实现人类生命的高级存在。动物有皮毛巢穴，并求健康、美色、安居、交配、繁衍（当然这里的美色仅限于自然之美）。人类亦同此，健康、美色、安居、交配、繁衍便是人类的生物生命之美的基础。生物生命之美作为三重美学的前提存在，本章内容从生境角度浅论其如何实现。

少数民族服饰是少数民族文化的一种特殊载体，承载着人类生活的要素，堪称一个民族的文化标志。作为一个民族的物质文化和精神文化的重要载体，民族服饰取决于地理环境、自然条件、生产力等客观因素，受其制约和深刻影响。同时，民族服饰还取决于诸如民族历史、风俗礼仪、宗教信仰等人文环境因素的形成与发展过程。

第一节　生境乃生命之摇篮

一、服饰与生境

黑格尔认为，人有一种在“外在事物上面刻下他自己内心生活的烙印”的本能。人是有生命的存在物，其生命过程呈现生物学意义的“生长、发育、代谢、应激、活动、繁殖”等现象，因此人类作为生命体首先具有生物生命。它能自身繁殖、生长发育、新陈代谢、遗传变异，也能对刺激产生反应。[①] 从个体生命的角度观察，每个生命都在争取活得尽可能长久，都在努力以各种方式增强个体生命的生命力，以更多地实现生命复制，并且推迟衰老和死亡的来临。[②]

人类同属哺乳动物纲、灵长目、人科、人种。生物学的观点认为，占据特定空间的，具有潜在交配能力的生物个体群，都叫种群。决定生物种群增长的三个要素是出生率、死亡率和起始种群的个体数量。作为人类种群之一，荔波布依族在环境资源不受限制的情况下，生物单种种群的增长呈指数增长。

人的生物愿望通常指的是人在生理层面上的生命愿望，这就需要人类以生理刺激的方式获得满足。譬如说，人的色彩感、声音感、光感等感官刺激通常都具有生物刺激性，因此人类对某种颜色、声音、光等的偏好是生物生命愿望的体现。只要具备满足这种生物生命愿望的条件，那么就有可能使人产生美的感受，这是审美感受中不可忽视和排除的有机部分。

①封孝伦. 生命之思［M］. 北京：商务印书馆，2014：64.
②封孝伦. 生命之思［M］. 北京：商务印书馆，2014：88.

很长时间以来，我们都曾认真地追问过：人的肉体存在对于人有何意义？人思考着的各种问题与人的肉体存在有何关系？如果没有肉体存在和肉体需要，人类的一切“高雅”的活动，为“崇高目的”而奋斗的努力还会不会存在？当人们在思考着似乎与人的低贱的肉体“没有关系”的种种千奇百怪的问题的时候，每天都不得不吃饭、喝水、考虑成家的问题；人们每天在琢磨着动物性的肉体欲求不属于人的时候，却无可奈何地受着这身“动物性的”肉体的驱动。这是一个怪圈。一方面，他不得不受这种物质需要的制约；另一方面，他又义无反顾地把自己想象成不受物质需要制约的天使。

根据马克思主义，人类自身的再生产必须先于社会的再生产，前者的再生产主要解决衣食住行等生存问题，其最根本的途径就在于从大自然中获取原材料。这就要求人类必须适应其所生活的自然环境，提高自我生存能力。

“三重生命”学说可谓是在马斯洛“需求理论”等理论的启发下把美学研究和人的生命各方面的需求结合起来。其中，生物生命需求就是人类最基本的需求。千百年来，人类在服饰制作上不遗余力的实践行为其实最终还是由人的生命需要决定的。这就好比人类为了能够使生命保持存在和延续，就要补充无穷无尽的能量一样，他要通过服饰这个能保持生物生命温度的舒适的物品来使生命延续。尽管人们不是每时每刻都需要服饰带来的保暖，但不能忽视服饰的对于呵护生命的必要性。只是，服饰对于不同的人而言，呵护三重生命的种类和比重不尽相同罢了。

朱利安·斯图尔德于1955年在其著作《文化变迁的理论——多线进化的方法论》一书中首次明确地提出文化生态学的概念，他的灵感来源于生物环境中各物种与自然环境之间的适应关系。其主要目的是通过研究人类对环境的适应来确定该适应过程是否能够引起社会变迁或者社会进化与变革。换句话说，文化生态学就是对一个社会适应其环境的过程的研究的学科。

“文化生态”是指文化赖以生存的自然、人文、社会相互协调的状态。

由于文化生态是用生态学的观点研究文化和自然环境间的相互关系，因而文化生态系统则是由文化和自然环境交互作用之融合的总称。在这个文化生态系统中，人类是最重要的要素子系统，各子系统之间有着复杂的联系。它们之间存在着相互制约、相互促进的对立关系。

不同的民族与自己所生存的自然环境之间形成的双向适应过程，是一种动态平衡。文化生态学研究方法要考察社会和社会机构之间以及它们与自然环境之间的互动。这种观点与之前的把文化和生物基础相割裂的分析方法明显不同，这样更能正确理解人类与生物之间的关系。从此以后，对人类与自然的关系以及文化与自然环境的关系的探讨也开始进入了新纪元。

荔波布依族服饰深深刻下了生境因子，从中我们可以窥见山水图景与熟悉的生活场景，也正是这些熟悉的生境影象在历史的延续中沉淀为审美意识并以图腾式的图案精心绣在服饰上，这也抒写了布依族对身外之物的认同甚至感恩中的敬畏之情，这种“情”在认同自己的同时，也认同了“他者”，当然也就赞同了“和”。随着现代科学技术的不断进步，空调、取暖器等电器的出现使包括少数民族在内的人们在日常生活中的穿着不再大范围地受到天气、气候、地形等自然环境因素的影响，因而也使人们对于环境的崇拜和敬畏逐步降低，对自然环境不断攫取和破坏，忽视人与自然之间的互利共生的关系，这与当今社会保护自然生态的理念背道而驰，应该尽早重视和节制这种无尽的欲望。

虽然荔波县境内世代居住着几大少数民族，但由于种种原因使得其生活的“小气候”并不一致，生产生活方式也不尽相同。以服饰为例，布依族和苗族的服饰在形制上有着极其明显的差别。

荔波地处贵州省南端，位于云贵高原向广西丘陵盆地过渡的斜坡地带，境内地形地貌复杂，山峦起伏，河谷遍布，四季分明，春季冷暖变化大，夏无酷暑多伏旱，秋凉多绵雨，冬天湿冷无严寒，气候具有亚热带高原山地季风湿润气候特征，雨量充沛，湿度较大，阴雨日多，日照时数和太阳辐射较少。其年平均温度为 18.5℃，降水量为 1211.9mm，蒸发量为

1348.1mm，日照时数为 1076.5 小时，雷暴日数为 45 天，相对湿度为 78%，无霜期在 270 天以上。

根据荔波气象局的数据记载，荔波县一年中 1 月气温最低，7 月最高；1 月平均气温为 8.5℃，7 月平均气温为 26.4℃。近 30 年来平均最高气温为 23.7℃，平均最低气温为 15.1℃，其中极端最低气温为 －4.3 ℃，出现在 1983 年 1 月 22 日；极端最高气温为 39.2℃，出现在 1984 年 8 月 3 日。

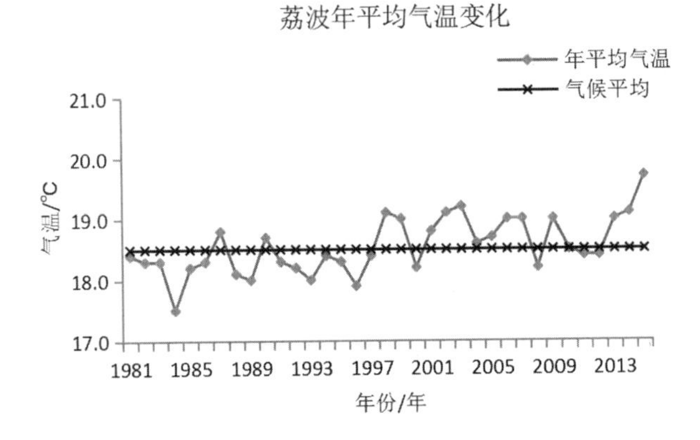

图 1—1　荔波县年平均气温变化

常年以夏半年日照时数较多，冬半年有中医学者指出，在不吃不喝的情况下，人类的生命大概可以维持 5—7 天，但如若在冰冷的气候里裸露身体，不穿衣服或不保温，最多也就能熬几个小时。服饰是体现人类对于气温的基本需要的载体，因而它是人类生物生命的必需品。当然，为了能够保持体温的正常水平，人类也可以通过烤火这种方式来维持生命，但由于人类要满足其对食物、水等生存条件的需求，因而就不得不到户外去打猎觅食，这就使其不能随时随地地烤火，这时，服饰的作用就开始显现了。这是服饰对于人类的生物生命的作用。生命本质体现在生命行为上的首要任务就是寻找、创造和保护的生存条件。适当的气温是生命得以生存的必要因素。气温接近或高于人的正常体温 37℃，人开始感到难受，在 18—20℃时人很舒服，低于零下，人也很难受。[①]例如，2021 年 5 月份出现的甘

①封孝伦. 生命之思 [M]. 北京：商务印书馆，2014：83.

肃白银市的马拉松事件中21条鲜活生命去世，原因就是强低温天气导致运动员们明显的失温症，如能对当天的气候气温状况提前进行足够的掌握了解，也许就能够大幅度地降低这次灾难的发生。这就是服饰的保暖御寒功能最有力的证明。

荔波县气温分布的总趋势是南高北低。地势每升高100米，气温大致下降0.55℃。河谷地带与同高度的山地比，东西向槽谷比南北向槽谷、南坡比北坡、封闭型谷盆地比同高坡低气温高。樟江河谷是县内气温的高值区，捞村区（海拔350米）年平均气温19.2℃，为全县最高。另外，洞塘乡、立化镇的三岔河谷和佳荣镇甲料河谷为县内两个温度次高区。县境西北部甲良镇（除方村河谷处）和水利乡，以及县境东北部岜鲜和水维北部海拔均在800米以上，是县内气温低值区，年平均气温16.3℃；最低的水维拉易（海拔930米）年平均气温15.5℃。

布依族地区的安顺、独山、黄草坝在清代已成为贵州三个主要织布中心。在新城（今贵州杏仁县）这个地方虽小，而人口众多的城市，“织布机据说有三千张……唯一的原料就是印度纱，不论经线和纬线都同样用印度纱绞成”①。

二、保暖御寒——服饰的基础功能

荔波布依族服饰的保暖御寒功能可以从其制作原料（棉花）和其制作形式（包头帕、围腰）的基本功能来详细说明。

（一）保暖之“源”——棉花

荔波县布依族服饰原料一般为棉花，自汉代开始，便有“织绩木皮，染以草实，好无色衣服”的记载。包括布依族先民在内的南方少数民族已经学会纺织，只是其原料是树皮，而后他们便学会染采。到三国时期，

①彭泽益. 中国近代手工业史资料第2卷（1840—1949）[M]. 北京：生活·读书·新知三联书店，1957：250.

“五色斑布以（似）丝布，古贝布所作，此木熟时，状如鹅毛，中有核，如珠绚，细过丝绵。人将用之则治出其核，但纺不绩，任意小抽牵引，无有断绝。欲有斑布，则染之无色，织以为布，薄软厚致。”①隋唐时期，布依族人民利用本地所产的葛麻、竽花等植物纤维编织并制作各种精美的葛布、斑布、竹布等。宋代开始，布依族地区“男耕女织”的社会分工在不断发展的纺织业的带动下呈现出明显的加强趋势。明代之后，尤其在清代，布依族地区普遍种植棉花，这为纺织业的发展提供了基础条件。乾隆时期的《独山县志》说：“以工纺织，自六七岁学纺纱，稍长则能织布染五色，砧杵声辄至半夜，以布易棉花。”

布依族女子从小便从长辈那里学习纺织工艺，包括种棉花、收棉花、轧棉花、纺纱、织布、自染自缝。这些步骤均可在家庭内自行完成。从对荔波布依族的许多村寨调查情况来看，很多旧式的木制织布机及竹制放刹车依然存在，这为家庭手工业提供了便利的生产过程。近年来，自然经济性质的家庭手工业的生产工具较原始、生产技术较落后、生产规模较小、人口增长出现粮棉争地现象等，造成其生产水平较低，一般的布依族农户便不再自种棉花来纺纱线，而是通过购买现成的棉纱来织布。

作为制作荔波布依族方格纹服饰的基本材料，棉花一般都在农历三月份开始播种，经过四个多月的精心栽培，到农历八月底九月初才能看到棉花果慢慢炸裂并露出白色的棉花，这时就需要曝晒几天，接下来就要用压花车把棉花籽和棉花分开，俗称“脱籽”，在这个环节，布依族人民用自制的压花车来完成，即使用竹子编制而成的炕笼，边烘烤边脱籽。温度保持在26℃左右，过高的温度容易将棉花烤焦，影响来年的留种，因此，脱籽过程对于温度的要求比较高。大小不一的棉花在经过脱籽后，就要放入打花机内，布依族人民用长约30厘米、筷子粗细的木钎接取。通过旋转木钎，待到棉花缠绕成香蕉粗细时就可以取出来，将其在两块干净光滑的木板中间均匀地滚压，直至有拇指粗细即可。

---

①黎汝标. 布依族色织布工艺研究［J］. 贵州民族研究，1994（1）.

棉花压制出来后的工序便是制纱，其重要的制作步骤是弹纱（布依族“炯外”音），布依族妇女把棉纱放到大型木制纱机上不停地踩踏，机器中类似于甩锤的齿轮能够将棉花拍打出像雪花绒丝一样的纱块，而后用圆竹条不断滚动纱块，继而纺出类似杧果状的纱锭（布依语“嘞Z”音）。这个步骤完成之后，布依族人民就将这些纱锭绕到一个工字形的竹架上（布依语“广楣”音），形成棉线圈，再将棉线圈捆绑好并以新烧成的草木灰水煮沸，之后将其晾干。此外，他们会从山上挖来野生的毛焦姜根茎（布依语“蔓满”音），切片晒干后与棉线圈一起煮几个小时。第一次煮好后要清洗干净晒干而后再煮第二次，使棉线圈有足够的韧性，在晾晒时，还要不停地揉搓，使所有线分离，利于绕织线锭。待其半干之后再进行第二次浸浆裹线，使纱线彻底分离。这些步骤都极其需要掌握温度。

图1—2　布依族老人在纺纱

图1—3　布依族女性在织布

（二）保暖“首”选——包头帕

布依族头饰主要指佩戴在其头上的布帕，即头帕。由于贵州布依族的支系分布主要以第一、二、三土语区来划分，各支系的头饰种类丰富多样，因而不同土语区的布依族头饰则自然而然会呈现或大或小的差异。

第一和第三土语区的布依族人民的头帕在外观和形态上比较相似，主要有两种头饰造型：第一种头饰为呈圆筒状形态的方格纹头帕，未成年的男女一般不佩戴头帕，尽显年轻蓬勃的朝气和活力，而成年的布依族男女则主要佩戴此类方格纹头帕，突出他们成熟稳重的民族个性，老年布依族妇女则多以毛线织成的帽子为保暖和装饰，年老的男性则多佩戴以羊羔毛绒为主的帽子为主；第二种头饰则以织锦、刺绣整个方格纹帽身，帽檐处以彩色铝片为装饰。帽子后沿则以扎染制成的布块作为遮挡，简洁大方。这类头饰一般被认为是现代社会经过实际需要改良而成的新型女性头帕类型，主要适合在一些大型的节庆活动中佩戴，彩色铝片在阳光或者灯光的照耀下熠熠生辉，光彩夺目，给人一种眼前一亮的视觉冲击美感。

第二土语区的布依族头帕则有所不同，不是以方格纹土布为材料，而是以不同颜色的成片的土布为制作原料，未婚和已婚妇女的头帕就呈现出极其明显的差异：例如，安顺地区的未婚女子在佩戴头帕时要将头发缠绕于帕子顶部并用发簪固定，而已婚妇女则要戴一种造型呈簸箕形状的“假壳”，它以竹片或笋片为边框，将蓝色土布覆盖于表面，在假壳的脑后纵向坠缝一块彩色的刺绣头巾，其图案主要为几何、植物、动物和人物的额纹样，然后用银碗状发簪来作装饰。而惠水、平塘地区妇女头帕则强调头饰与服饰色彩和和谐搭配，她们往往会根据服饰的色彩来决定如何搭配头帕的颜色，有些妇女会强调头帕和服装色彩的统一性，有些会追求两者撞色所获得的视觉快感，如何搭配皆以个人喜好为参考标准。

荔波县布依族属于第一土语区，其头帕主要以圆筒形和类似于房屋圆瓦头帕式形态，在佩戴时帕头和帕尾不在同一水平线上，呈现出前高后低的特点。包头帕以规则的方格纹为主，在视觉上给人一种统一和谐的的感觉，内心有一种宁静感。与第二、第三土语区的布依族头饰不同的是，荔波县布依族的头饰鲜少使用在头帕上使用花草等植物图案，彰显其明显的图腾崇拜，而是直接以自染、自织、自缝的方格纹土布为头帕的原材料，由于方格纹的纹样有多达十几种（兰尼纹、花椒纹、水波纹、刺梨花纹等），因而头帕本身已经不需要很大的动植物花纹为装饰，彰显荔波县布依族人民独特内敛的审美情趣。

随着经济水平的提高，布依族人民在制作头帕的工艺上更加追求时尚性和新颖性，这就使布依族的头帕呈现更多的种类，每个制作者都可以根据个人的喜好添加或减少头帕的装饰品种类和样式，极具个人的特点，不再拘泥于某一种图案、款式或者包法。这也在一定程度上体现出布依族人民在逐步汉化并融入主流社会生活的强烈意愿和彻底性。例如，改革开放后，第一土语区的布依族人民鲜少留长发，男女性多以短发示人，因而佩戴简约的圆筒形态的头帕则较为普遍。

经分析，个人认为这主要与其常年的稻作生产生活方式有关。因为日常的繁琐的农作生产方式限制了其预留一定的时间来梳理和盘发，干净利落的短发为其投入农业生产提供了更多的时间和精力，而非像其他民族一样要花费时间和财力在头发的装饰上。因而，这使得布依族男女性有更多的时间从事田间地头繁重的农业生产活动，也避免了在稻作生产时因为炎热而垂直流下的汗水过多浸润头发而导致伤风感冒。这其中也离不开土花布制作的包头帕较强的吸附水分以及散热能力，保障了稻作农业生产的顺利进行。据调查，除了一些体质较弱的人之外，布依族人民在生产过程中很少因为戴上包头帕而影响散热导致感冒的发生，这就和特殊的包头帕有直接的关系。

（三）保暖“神器”——梯形围腰

围腰自古以来是女性服饰的专有饰品，其保暖御寒作用不言而喻。在我国众多的少数民族中，以围腰作为服饰装饰品的民族几乎屈指可数，布依族就是其中的 个民族。在贵州省各土语区的布依族服饰中均可以看到围腰的身影，它们花样繁多，图案丰富，体现着布依族女性手工技艺的丰富和精湛。布依族妇女的梯形围腰是其独特的保暖物件。

《布依族的项链、手镯、项圈》讲述了滔天洪水淹没了人间，迪进和迪银兄妹二人不听玉帝的劝说而坚决成亲，于是玉帝恼羞成怒，将迪银锁上铁链，铐上手铐，用铁环拴住耳朵，这也是最初指出布依族女子戴耳环、银项圈、手镯的最早传说之一。

图 1—4　布依族围腰样式

图 1—5　荔波布依族围腰样式

荔波布依族的围腰造型主要分为满襟式围腰和半襟式围腰。前者的起点位于颈部，后者的起点位于腰部。但面料色彩皆多为蓝色，其主体图案以植物纹样和卷云纹为主，且其边缘的刺绣条状均呈几何纹样。系围腰的带子主要以银质镂空绞制的链子连接，镂空点形成独幅花纹，给朴素素净的围腰营造一种厚重的质感。

在布依族不同的土语区，围腰还能体现婚后生活的幸福程度。例如在贵州省黔南州的第二土语区的长顺县，如果布依族已婚妇女的围腰装饰是由不同色相的面料和绣线构成不同造型的装饰图案，体现不和谐的一面，则表示该女子的婚后幸福指数较低，希望能通过这种明显的服饰特点来向丈夫和婆家抱怨，以期望得到同情和关注。

布依族围腰的造型与我国古代汉族人民的肚兜类似，只是穿戴方法和使用功能不一样而已。前者一般直接穿戴在外套上，既装饰了本就简单淡雅、朴素低调的外衣，达到点缀装饰、画龙点睛的作用，同时又能起到保暖防护的作用。值得一提的是，荔波布依族的围腰造型与现代的孕妇防辐射服也有相似之处。其粗糙的表面能将电脑、手机等电子产品的辐射反射，起到保护腹中胎儿的作用。因此这一作用与防辐射服的工作原理具有异曲同工之妙。虽说目前没有很强有力的证据说明防辐射服对于孕妇腹中胎儿起到很直接的防辐射作用，但佩戴者们对于该“围腰”式的服装都抱有较强的依赖和信任心理，这也就不难解释在各大母婴市场产品中，孕妇防辐射服的销售率稳居前十名的原因。因此，荔波布依族围腰的特性也在一定程度上起到保护妇女身体（特别是腹部）的作用，其经过蓝靛浸染而支撑的藏青色布料也能有一定的医用治病之功效，这是一个可以直接深入探讨研究的服饰板块。

布依族生活的地区大部分位于温带，土地肥沃，雨量充沛，气候温和，年平均温度为摄氏十六度左右，只有少数高寒地区年平均温度在14℃左右。荔波县内各地平均气温的年际变化不大。县城年平均气温18.5℃，最高19.0℃，最低18.2℃，相差0.8℃。1月平均气温各地均在5.5℃以上，极端最低气温在－4.3℃以上。县城历年极端最低气温为－4.3℃，出现在1983年12月22日；极端最高气温39.2℃，出现在1984年8月3日。超过35℃的天数，平均每年有8.6天；超过37℃的天数平均每年仅4天，夏季炎热但不酷热。①

为什么在封氏的生命美学中，对于温度的不可或缺性没有被大量描述？难道光有吃有喝人类就能满足生物生命的需要了吗？一般来说，人类生物生命所需要的能量其实主要是指物质能量，例如蛋白质、水、无机盐、维生素等物质，而非周边环境所带来的威胁，例如酷寒的严冬天气，或者闷热的酷暑天气。这样看来，人类生物生命所需要的能量仿佛只有食物能满足了。那么，服饰对于人类生物生命有没有存在的必要性呢？人类是否不用穿衣服也能保持身体的正常温度而不至于被冻死呢？人类在炎热的夏天是否就真的不需要服饰了呢？

---

①贵州省荔波县地方志编纂委员会，荔波县志［M］. 方志出版社，1997. 12：132.

其实，服饰似乎并不是必须满足人类生物生命的东西。换句话说，在炎热的夏天，服饰似乎变成了增加体感温度的累赘，人类躲避它还来不及。我们通常会在炎热的夏天里看到好多男性在公共场合上身赤裸，下身仅穿着一条短裤，这是为了增加散热，以达到消暑的目的。如果公序良俗也允许女性在大庭广众之下赤裸上身以达到消暑的目的，服饰似乎在炎热的夏天就没有了存在的必要，只有到了严寒的冬天服饰才会里三层外三层地被裹在人的身上以达到御寒的目的。至此，我们所说的服饰对于人类的生物生命的必需性的前提是空调还没有被发明之前的服饰与人类生物生命之间的关系。

在现代社会科技创新中应运而生的空调消除了环境温度的威胁并解决了保持舒适体温的问题。例如，天气炎热时，人们可以舒适的室温中享受凉爽的感觉，严冬到来时，人们可以在温暖如春的室内感受着温暖，因此，在这两种情况下，服饰似乎已显得不是特别重要，它并不是保持舒适体温的必需品。然而，不是每个人都有经济能力使用空调，因此空调始终代替不了服饰的御寒性。如果我们将视野放到室外的人类活动，服饰所能满足的人类生物生命需求便依旧非常强烈。光谈空调对于人类体感温度的影响而忽略了火对其的作用也被认为是一种欠缺。有人说，撇开服饰的存在，在炎热的夏天，火对于人体的散热是一种阻碍，因此无须再提，但若是在寒冷的冬天，如果没有热腾腾的火的存在，人类必将被活活冻死，因此火才是人类生物生命的必需品之一。但是，转念一想，人类为了能够生存下去就必须外出觅食或者去从事其他的劳动而不可能时刻都能与火为伴，因此，通过火来调节体温的方法不是对每个人来说都能行得通。总之，服饰对于人类生物生命的保持具有不可或缺的作用。即使是在炎热的夏天，人们不愿去承认服饰为人类的生物生命提供多大的帮助，但他们也不得不承认服饰在冬天提供的取暖和御寒的巨大功能。

三、衣养之道：服饰的新型角色

（一）蓝草是“衣疗”的神药

服饰除了用于御寒、遮羞、展现个人审美观念之外，还有预防和治疗疾病的功能，这与近年来人们以全养生理念为指导有关，“衣养”观念逐渐被广大养生者追求。调查研究发现，很多患有妇科病的女性在着装方面存在误区，在调查的452名妇科病患者中，习惯穿着短衣短裤、紧身衣裤、暴露较多服饰（如露脐装）以及无领服饰的人占到82%，而习惯穿着舒适合身及宽松衣服的仅有18%。[①] 由于南方天气炎热，人们主要以棉、麻等布料来缝制衣服，因为能够吸湿透气，使人体的汗液尽快散去，避免由于汗液过于积聚而造成体温下降而患上风寒感冒。

图1—6　屋外种植的蓝草

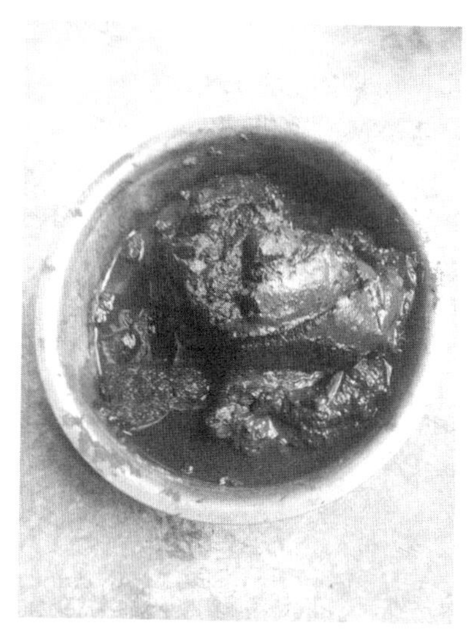

图1—7　蓝靛膏

由于制作荔波布依族方格纹服饰的材料主要有蓝草等，因此该服饰穿

①张正华．基于全养生理念对服饰与健康相关关系的研究［D］．广州：广州中医药大学，2015：1.

上身之后能够起到一定的医用治病的功效。为了验证这一说法，我们需要从制作服饰的基本材料——蓝草来进行分析。

蓝草，泛指含蓝汁可制蓝靛做染料的植物，主要包括爵科的马蓝、十字花科的菘蓝、寥科的寥蓝、豆科的木蓝，其中，制作靛蓝的蓝草主要为十字花科的菘蓝，其主要产于河北安国、江苏南通、浙江等地。《药典》上记载，其根、茎，气微，味微甜后苦涩，有清热解毒、凉血利咽的功效；其叶，气微，味微酸，有清热解毒、凉血消斑的功效。①

布依族、苗族等西南少数民族在运用蓝靛来制作蜡染、扎染等手工艺品方面可谓炉火纯青，早在秦汉时期编著的《神农本草经》中就说，蓝靛"味苦寒，主解诸毒，杀虫蚊、注鬼、螫毒，久服头不白，轻身，生平泽"，而且"名医曰，其茎叶可以染青"。明万历六年，李时珍在《本草纲目》中亦说："蓝凡五种，各有主治，惟蓝实专取蓼蓝者。蓝实（气味）苦，寒，无毒。（主治）解诸毒，杀虫蚊、疰鬼、螫毒。"而蓼蓝的蓝叶汁，"（气味）苦、甘、寒，无毒。（主治）东百药毒，解狼毒、射罔毒。汁涂五心，止烦闷，疗蜂螫毒"。他在长期的医疗实践中证明："蓝靛，(气味）辛、苦、寒，无毒，止血杀虫，治噎膈。"此外，《本草汇言》中也讲："蓝靛，解热毒，散肿结，杀虫积之药也。"因此，蜡染对人体有预防和治疗疾病的药用功能，这早在唐朝的宫廷中已为官府所认识。唐开元年间，蜡染曾用于军服和贡品，如唐代张萱画的《国夫人游春图》和《捣练图》中，就有穿着蜡染服装的贵夫人和用以掩护作战的军服。由此我们看到，蜡染工艺不仅仅是作为单一的艺术形态而产生的，其独特的加工方式、染料中种类齐全的草药配方以及对人体的特殊功能等，反映了布依族传统印染工艺的科学性，体现了布依族先民的智慧。

《辞源》："靛，青色染料也，其原料用蓝叶之汁，和水与石灰沉淀而成。国内制者甚多，谓之以靛。另一种名土靛，干硬成块，用蓝叶捣烂为之。"《辞海》："靛蓝，也叫靛青。"靛蓝是还原染料的一种，由靛蓝植物

①国家药典委员会编．中华人民共和国药典［M］．北京：中国医药科技出版社，2020：21.

加工而成，我国在很早时就已经使用靛蓝作为天然染料。19 世纪末人们学会了使用化学方法制造靛蓝，并以其制品逐渐代替了天然制作的靛蓝染料，节省了很多时间。

东汉经学家赵岐在路过陈留（今河南开封）时看到当地山上种满了蓝草，于是写下了《蓝赋序》："余就医偃师，道经陈留，此境人以种蓝染绀为业。"

蓝草一般在每年的小暑和白露前后两期都是开镰割蓝的好时期。由于全国各地区的气候有所差异，因此开镰割蓝的时间也略有差别。蓝草成熟后会结出果实，但其成熟并能够采摘的标准并不是以结出果实为标准，而是取决于其叶片的含靛量。可是怎样才能分辨出蓝草叶片的含靛量呢？具有丰富蓝草种植经验的当地靛农们倒是掌握了一定的方法，他们通过"看、摸、闻"来判断。"看"是将蓝草放入干燥的白布中捻搓，此时为黄色，但如果该颜色第二天便转变成蓝色，那么就表明地中的蓝草已经成熟，靛农们可以放心采摘了。"摸"是指靛农们需要用手去感觉蓝草野子的骨力，这种方法一般依靠个人感觉来辨别，没有很明显的理论依据。"闻"是通过嗅蓝草的香味来判别，这种方法也同样没有理论依据。但是靛农们认为"夜间聚色"是千百年来祖辈们留下来的规矩。当天割下来的蓝叶就要直接送往靛蓝坊加工，不能在家中堆放过夜，否则第二天它的颜色就会发生变化。靛蓝坊，顾名思义就是加工靛蓝染料的作坊，在南方地区一般都被称为"靛池坊"。坊内的原料蓝草有些是坊主自家种植的，有些是向靛农们收购的，也有些坊主会向靛农们租赁靛池制蓝。

布依族人民很久以前便创作了关于栽种靛蓝的古歌，虽因年代久远无法确定其时间先后顺序，但至今仍具有很高的文学考证价值。有一首《栽靛歌》这样唱道：靛苗长得好，六月靛苗比人高。七月天气热，蓝靛成熟了。还有另一首《栽靛歌》这样唱道：高山阳雀叫了，春雷轰隆轰隆的响了，照我们布依人的习惯，该去栽靛苗了，买来石灰粉，放在靛缸里，蓝靛更绿了，开缸染新衣。坡坡岭岭，山山坳坳，锄头碰得叮当叮当响，人人都在栽靛苗。以上这两首《栽靛歌》咏唱了布依族人民按时令栽种、护理、收获、沤制以及染出新布的整个手工业劳动过程。同时，通过对整篇诗歌的解读，我们还能够明显总结出布依族地区的地势地貌。

《齐民要术》中对造靛方法有着详细记载。蓝靛草是一种植物性还原染料，制取时主要使用其叶，揉碎成靛泥，之后加入石灰水配制成染液，使其发酵，并把蓝靛还原成靛白，靛白能溶解于碱性溶液，从而使纤维上色，染后在空气的氧化作用下还原成鲜明的蓝色。同时，靛蓝色中可以提炼出品质更好的花青色，一般主要用于中国画的创作，因而有“青出于蓝而胜于蓝”之说。[①] 蜡染主要原料蓝靛不仅是一种染料，而且还是一副良药。

靛蓝的制作方法一般比较复杂，但是基本步骤是相通的。《天工开物·彰施第三·蓝靛》说：“凡造蓝，叶与茎多者入窖，少者入桶与缸。水浸七日，其汁自来。每水浆一石，下石灰五升，搅冲数十下，靛信即结……凡造淀，叶与茎多者入窖，少者入桶与缸。水浸七日，其汁自来。每水浆一石下石灰五升，搅冲数十下，淀信则结。水性定时，沉淀于底。”“其掠出浮沫晒干者，曰淀花。凡蓝入缸，必用稻灰水先和，每日手执竹棍搅动，不可计数。”[②] 制蓝对于普通人来说是一件很辛苦的工作。首先靛蓝坊的工匠们需要将蓝叶全部浸入水中，同时用木板、石块压住，不让其泛起，这种方法叫“沤池”。在进行“沤池”时，要用削尖的柳木棍往已泡入池中的蓝草中扎孔“放气”，以防止蓝草“闷池”，破坏了蓝汁生成的好机会。当整个“沤池”程序完成后，即到了“熟池”阶段，这便以池中水呈黄色、冒出白沫为标志。之后的步骤为“捞棵”，将蓝草从池中取出来，架在池上；用清水冲淋，待蓝草干后即可，这称为“靛秸”。接下来的工序就是“打靛”，它分为“造底打靛”以及“沉淀扒靛”两道工序。“造底打靛”主要是由两人分站两边，各执木制“略耙”，用尽力气来回搅动，约半小时后，等到略耙一停，池中的沫子消失时即完成“第一套”，接下来再回靛水打，再次达到“耙停水清”，叫“第二套”。因此靛坊有

---

①鲍小龙，刘月蕊．手工印染扎染与蜡染的艺术［M］．上海：东华大学出版社，2004．
②（明）宋应星．天工开物译注［M］．潘吉星，译．上海：上海古籍出版社，2013：122．

“靛打七套，五套扭头”的说法。越到后面的步骤越需要力气打靛。等到第二天经过沉淀后，舀出蓝靛池水面的清水，用布把靛泥兜出来，然后控干水，包好并收藏。质量好的靛底光、细、实，次品则底涩、粗糙、易脱。①

（二）服饰的“衣养”之道

植物染料本身大多取自大自然中的中药植物，其所含的药用功效能起到保健的作用。用这类染料染色的服装非常适合那些对合成染料过敏者穿用，具有良好的祛病保健作用。② 例如，把靛蓝和红花等作为染色植物的衣物能产生杀菌、防虫和保护皮肤的功效。

荔波地区的布依族纺制花布的染线主要是草染，即将蓝草和石灰水按比例放入靛池发酵而成。自古以来，蓝草就是制作染料的主要原料。蓝草分为菘、蓼、马、木、苋等五种，其中，以蓼蓝最为常见。荔波地区的布依族在配置染水时要将草木灰和蓝靛液体进行配兑。由于米酒能够加快蓝靛的分解速度以及增加蓝靛的纯度，因而在这过程中要加入米酒。根据染缸中的水温来决定放入米酒的分量是检验布依族人民染线工艺的标准之一。浸泡时间的长短能够决定纺线颜色的深浅，染制成功之后便可漂洗晾干备用。

目前市面上的生态纺织品应该符合 Oeko－Tex 标准 100 的“六不”环保要求：甲醛含量不超标；不含过敏性染、助剂和化学品；不含致癌芳胺或不会裂解释放致癌芳胺；重金属含量不超标；不含可吸附有机卤化物和不易产生污染或三废治理达标。③ 只要符合以上的要求，服饰的养生治病功能便能显现出来。

---

①于雄略．中国传统蓝印花布［M］．北京：人民美术出版社，2008．

②张玲，胡发浩．天然植物染料与人体健康［J］．山东纺织科技，1997（1）．

③宋心远．纺织品染色的过去，现在和将来［J］．印染，2005，31（9）：18－25．

图 1—8 染缸

利用植物药的染色性能，开发生态型药物保健纺织品是国内外的一大研究热点。[①] 如今中草药保健服饰以及各类抑菌保健服饰在市场上的流行就说明了“衣养”观念的逐步盛行。人们通过发明，创造出许多新型面料来保健。例如，著名的新疆罗布麻利用了生物科技，用酶剂、低温等离子体对麻纤维进行特殊的加工处理，使麻布变得柔软的同时又能避免棉麻布不抗皱的特性，同时又能够保留罗布麻降压、平喘、降血脂、清热解毒的作用，非常适合作夏装或者内衣裤的服饰面料；此外，市面上的一些保健抗菌的面料中就运用了甲壳素面料的大分子结构，这种结构与人体氨基葡萄糖构成相同，类似人体的骨胶原蛋白组织，还可被人体的溶菌酶分解和吸收，因此十分适合作女性和老人的内衣裤的服饰面料。同时一些竹炭纤维面料、芦荟面料等也有抗菌除臭功能，它们被运用于内衣裤、塑身衣、保暖衣等制作中，只是目前由于科技发达的速度还未满足这些衣物的低成本、低价格的需求，因而还未成为广大老百姓们日常的服饰保健产品。

①柯贵珍，于伟东，徐卫林. 药用植物染料的特征和功能实现（I）药性、颜色与染色［J］. 武汉科技学院学报，2006（1）.

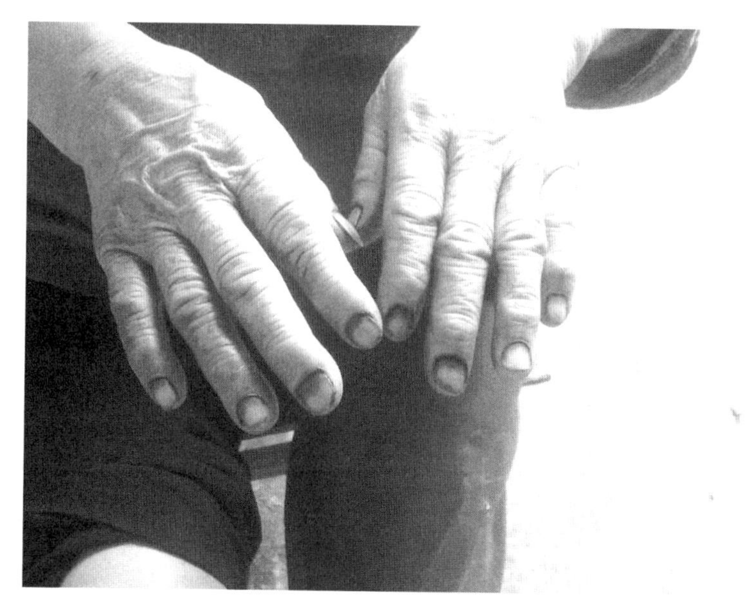

图1—9　妇女常年染布的双手

服饰具有防寒、保温、透气、吸湿、防风的功能。医学巨著《黄帝内经》曰：“病在肝……，禁当风；病在心……，禁温热衣；病在脾……，禁温食饱食，湿地濡衣；病在肺……，禁寒衣；病在肾……，禁犯焠热食，温炙衣。”服饰对于保障人们生物生命的作用不容忽视。

服饰的面料最能体现“衣养”理念。不管是天然的动植物纤维还是化纤、混纺面料都体现着保温、吸湿、透气、防风等功能，但这些功能只部分体现在某些面料上，而且比例不尽相同，随着现代科技的飞速发展，人们对于“衣养”理念也越来越推崇，因此服饰与健康的契合空间越来越宽广。如今许多商家已经推出了防辐射服饰、防紫外线服饰、抑菌保健服饰、中医药保健服饰等各类服饰。例如，著名的天意服饰品牌就是秉承着“天然、生态、环保、民族”的理念，而逐步成为目前走在时尚前列、具有较强影响力的服装品牌。该品牌设计师梁子经过20余年努力，将服饰作品的主材锁定在天然织物材料——莨绸面料（俗称香云纱）这种传统织物上。这种古老的真丝面料需要涂抹具有消炎止痒功效的“薯良坪”并经过淤泥涂封、太阳长时间照射后制作而成，面料本身体现人与自然的和谐关系，同时缀以汉族传统服饰纹样和少数民族服饰图案，既轻柔舒适又能彰显中国传统服饰的养生功能。

布依族服饰的生态养生功能美主要体现在其与周边生态环境之间的关系上。首先，荔波布依族的服饰均为棉质材料，自己亲手种植的棉花经过繁杂的加工程序最终走上织布机，被身怀高超纺织技艺的布依族妇女们织出各种图案，而后又经过复杂的裁剪程序最终成衣，这种棉质衣料遮羞保暖、柔软舒适、透气吸汗、穿着轻便，能够满足人们对于生物生命的追求；其次，其颜色以蓝色为主，这就与碧空湖水相映成趣，这满眼的蓝色何尝不是对蓝天的呼应以及对湖水的青睐呢？其服饰的图案也以周边生态环境中动植物为原型，这种对动植物的崇拜最终体现在其服饰上，是对大自然的敬畏和爱护，也是与自然生态环境和平共处的美好愿景。此外，荔波布依族服饰为布依族文化在社会上的传播以及社会地位的巩固提供了一定的机会。在现如今的许多布依族传统节日中，布依族人民总会穿上自制服饰向外界展现出布依族文化，让外界认识并记得布依族服饰的款式特色，成为宣传布依族文化的一个活名片，也让更多的人了解到布依族文化的博大精深。这种对社会生命的渴望越来越强烈，也使服饰越来越成为彰显其社会生命的主要载体。因此，荔波布依族服饰具有三重生命，其生命美与生态美之间存在着必然的包容关系。如果没有生命美，其生态美就没有源头可追溯，服饰的生态美的表现就无从谈起。

15. 目前荔波布依族服饰是否真正具有治病养生功能的质疑，医学界或者养生达人们目前并未直接出具相关有力的证明。这不仅囿于无法单独将服饰的治病功效单独列出来作为跟踪调查检验的对象，而且这种调查检验所耗费的时间很长，耗费的人力，物力很多，把它单独作为一个研究对象貌似不太实际，可操作性也不强，因此服饰的治病功效显然只能通过穿着者“脑补”或者“遐想”出来。这就为笔者或者医学界人士接下来提供全新的服饰研究思路，以期得到确定的答案和更严谨的学术论证。当我们假设这种蓝靛染制而成服饰真的能对人体产生保护和养生作用，那么接下来的服饰养生理念将得到更进一步拓展和创新。

尽管目前并没有实际案例指出现代工厂生产的服装对身体造成一定的危害，而且国家质检部门会对每一个商家出售的产品进行定期出厂检测，但是其背后使用的材料和制作工序是否也会存在一定的隐患呢？这个还需要对我国连年来服装行业的质量报告作分析。注重图案的精美、款式的新潮、身材的包容等方面的现代服饰是否存在一定的缺陷？许多普通的基层民众在经济条件逐渐变好的情况下貌似并没有能力去选择购买质量上乘、有益身体的服装，而偏向于在平价商店中选择质量一般甚至劣质粗糙的服装，这是当今讲究生态环保理念的时代应该进行深入思考的现象。当健康舒适的生命追求变成由金钱财富决定的时候，普通大众如何践行生态环保理念？这不仅是普通人需要思考的问题，更是当代服饰界应该思考的问题。这就像餐饮业的地沟油等替代物品给人民的健康带来危害一样，服装业的监管也需要像各大行业一样需要被重视，尽管人们穿着劣质衣服不会立刻让自己生病，但是长期下来，其伤害的后果会潜移默化地深入皮肤，成为将来大病的直接的积少成多的隐患。

服饰的环保原则主要体现在三个方面：一是生产过程要环保，各种生产原料一定要经过合格的检验程序；二是使用者要环保，使用后的服饰产品要进行回收处理再利用，以期延长其使用周期；三是残余织物处理之中的环保，提高原料的利用率，减少织物残余给地球带来的危害。我国每年因制作服饰而产生的废弃纱布等均达到100万吨以上，如果能够对其进行再度利用，则能够更有利于后代。在设计理念上努力弘扬本国的传统文化，注重服饰与人体之间宽松和谐的空间，在细节中体现民族文化的博大精深的同时，也需要体现服饰的养生功能。

目前市面上有很多号称服饰具有保健功能的商家，他们通过不断地市场调研发现，很多中老年人囿于一些基础疾病或者重大疑难杂症没有得到根治，有些人对医院的治疗措施失去了信心，宁可寻求民间偏方或者寻求中医的缓和调理方法，因此如果他们推出一款可以进行“衣疗”的服饰，让那些不愿相信现代医疗科技的人们重拾对民间疗法的信心，那么这背后的利润一定非常高，于是这些商家便开始打着“保健、养生、护体、调理”等旗号策划营销服装品牌，他们在各大网站或者媒体上不惜重金聘请群众来做疗效宣传，声称其品牌服饰具有透气、蓄热、升温等御寒保暖的作用，同时还具防静电、抗紫外线、抑制螨虫等亲肤抗菌的作用，更有甚者声称其品牌服饰还有改善睡眠、改善微循环、调理亚健康，释放负离子或生物电等增强体质、延年益寿、提高免疫力等作用。

其中，在国内影响力最大的一款服装品牌“天马服饰”更是打出“穿衣健康、行善致富、衣疗传奇”的招牌，大量宣传其品牌服饰的神奇功效。据其宣传所称，天马服饰属于功能性特殊服装，由于添加了微元生化纤维、DC－5700 抗菌除臭材料和甲壳素，不仅有护体、保暖、御寒的作用，同时还有预防和调理疾病的功能。通过衣物中微量元素折射人体的能量与人体水分子产生共振，能够帮助人们改善微循环，促进血液流通、加强新陈代谢，从而达到“衣疗”作用。其中，在其大量广告中声称该服饰品牌运用的甲壳素（医学上称为“几丁聚糖”）是从蟹和虾壳中应用遗传基因工程提取的动物性高分子纤维素，被称为人类生命的第六大要素，仅次于蛋白质、脂肪、水、矿物质、维生素的重要性。甲壳素具有调节人体免疫力、pH 值、内分泌的作用，能够排除多余的胆固醇、重金属和人体毒素，有抑制癌细胞的产生、复发和转移等功效，堪称人类健康的保护神。此外，该服饰品牌还推出保健面罩和口罩、二代秋衣秋裤等，将服饰具有的各种“治病”功效大肆宣传，其中该服饰品牌推出的能量“超强珠”的远红外线陶瓷材料含量高、远红外线能力强，具有消炎、止痛、缓解疾病症状等作用，将“超强珠”镶嵌在各种内衣裤或者直接戴在人体上便可以达到治疗各种炎症的作用。这种品牌宣传看似为广大老百姓带来了福音，通过穿衣服就能轻松治病，但是其中的“传销”意味越来越浓。首先，该品牌服饰的制作原料固然具有一定的养生保健功效，这是不可否认的事实，商家迎合消费者对于健康、养生、保健等理念的生命追求无可厚非，这也正是前者对于经济利益的生命追求的体现；其次，尽管以上两个群体都有各自的生命追求，但商家如果过分强调天马服饰的养生治病功能，罔顾现代医疗技术存在的优势，为了增加服装的销售量而过度夸张宣传服饰具有的治疗疑难杂症的功能，那不免有些夸大事实、疯狂洗脑的感觉；再次，服饰的医疗治病效果在短时间内并不能够全面显现出来，这需要医疗团队成员对消费者进行长期的定点跟踪调查和检测，并不是直接通过服饰厂商临时聘请具有一定的医学知识的人员通过医疗仪器简单地测量并给出疾病有所改善的诊疗结果。因为除了“衣疗”之外，普通老百姓还有食疗、药疗等其他方面的治疗，并不能简单粗暴地将身体疾病的缓解完全归功于该服饰的保健养生功能；最后，此类保健服饰品牌在国内如同雨后春笋般不断出现，可见该类型的服饰的利润值和市场价值很高，需求越大，品牌之间的竞争越大，因而产品的价格也会水涨船高。很多消费者特别是中老年人由于惧怕去医院进行长期正规的治疗而选择居家治疗慢性或基础疾病，因此他们会通过购买这种所谓的保健养生的服饰来达到缓解疾病症状的作用。不管这些服饰的价格有多高，他们总能舍得花费大量资金去购买，有些声称具有保健养生功能的服饰少则几百元，多则几千元，这将取决于服饰品种，从口罩、护颈贴，到整套服饰。保健养生服饰高昂的利润背后是普通老百姓对于健康的无尽生命追求，是厂商对经济利益的无限生命追求，两者的生命追求的契合孕育出服饰养生保健功能强大的市场潜力和经济价值。

第二节　遮身护体与生殖求偶：服饰的拓展功能

一、喀斯特风味的布依族服饰

生态因子是指环境中对生物生长、发育、生殖、行为和分布有直接或间接影响的环境要素，例如温度、湿度、食物、氧气等。所有生态因子构成生物的生态环境，生态环境是生物生存所不可缺少的条件，有时又称为生物的生存条件。生态因子分为非生物因子、生物因子和人为因子三大类。生物因子主要指植物之间的机械作用，例如共生、寄生、附生；动物对植物的摄食、传粉和踩踏等。非生物因子主要包括气候因子（如光照、温度等）。环境中各种生态因子不是孤立存在的，而是彼此联系、相互促进和相互制约的。在进行生态分析时，要注意和涉及所有的生态因子。

生态适应性是生物随着环境生态因子的改变而改变自身形态、结合生理特征等因素以便于与环境相适应的过程。将生态学这个知识点引入少数民族服饰审美研究的目的主要是证实少数民族服饰的形成、风格及功能演变与该民族所属的自然地理环境、气候条件、生产方式等方面有密切的联系，它们是人类审美意识的逐步改变以便与不断变化的周边环境相互适应的体现。布依族服饰适应是其依山傍水、气候温热湿润、物产丰富多产等因素所带来的生活、劳作习俗，同时云山雾水的地理环境和本民族悠久的人文生活内容也陶冶出布依族淡雅洁净的生活情调和审美情趣。荔波布依族生活的地区具有独特的喀斯特森林地貌，其在色彩、花纹、装饰等各方面的讲究无不体现着布依族人民不断调整自身审美意识来适应周边生态环境的行为。研究布依族服饰审美文化的核心内涵就是要研究其与生态环境的选择适应、对生命的无限敬畏以及对和谐理念的向往，探讨服饰的生态美和生命美的双重特点。

荔波县境内的主要山脉和水系沿地质构造走向发育而成，组成了全县山脉与河流谷地呈北偏东向长带状相嵌分布的格局。由于受地质构造控制的影响较明显，向斜成谷，背斜成山，形成山地与谷地由西而东的相间排列形式。山地多为碳酸盐岩类，地表水流小而短，谷深流激，多盲谷和伏流，地下水系较发达。碎屑岩分布在丘陵及低山地，地表水发育较好。东北隅为樟江，以三岔河一茂兰和甲料河为分水岭，山高水低，河谷深切，河流沿古陆边缘断层发育。喀斯特地貌十分典型，形态多种多样，锥峰洼地，层层叠叠，呈现出罕见的喀斯特峰丛景观。降水和水源丰富，为森林植被的生长发育提供优越的条件，区内无论山峰、盆地，到处都有森林覆盖。

不同的民族在不同的生存、生活条件下形成了别具一格的服饰风格与特点。每个民族都必须在一定的自然环境中生存，与自然界发生千丝万缕的密切关系，寻找生存空间和交往空间。民族服饰作为民族艺术的一部分，其与艺术一样也是由四周的自然环境、文化习俗、民族心境等条件所决定的。复杂的自然地理环境孕育出殊异的生产方式，地理环境的性质决定了生产方式的类型，而不同的生产方式又产生了不同的服饰文化，特别是服饰文化产生的初期无时无刻不受到地理环境的影响。封建地主经济条件下的布依族地区的家庭手工业以纺织业为主，同时也作为自然经济而存在。荔波地区的布依族也不例外。

复杂的自然环境、丰富多样的植被，为荔波县境内的各族人民提供了特定的生产和生活环境，也决定了其服饰形制的特点。大块面的硬朗服饰结构，布料坚实，除了追求美观，还追求便利，另外，男子头顶的牛角形包头帕形似当地喀斯特地貌。这些衣着服饰让布依族人行动方便又保护身体，在气候湿润的情况下，包帕可以保护头部免受各种蚊虫侵害，阻挡空气中较大的“湿气”。湿气是中医名词，特指某种潮湿的气候环境下，过大的空气湿度或者水汽对身体的有害影响，常常使人感到闷湿不干爽，使头部和身体散发热量，同时很容易遭受细菌的侵害。方块硬朗的服装结构的内部空间很透气，更容易散发多余的湿气水分，保持皮肤的干燥。

二、耐脏耐磨——稻作服饰功用

除了遮羞功能之外，布依族人民用土花布制成的服饰还具有耐磨护体的特点，这非常适应其作为稻作民族的日常生产劳作与生活环境。

由于居住在缺乏水资源的高原地区，水温冰冷，很多少数民族在洗涤衣物时会有诸多不便，这样一来，那些具有吸热和耐脏功能的黑色、深蓝色就成为他们服饰色彩的首选。民族服饰的色彩、材质、清洗、保存等受基于其民族所处的地理、气候等的生产生活条件的直接影响，具有明显的地域性和民族性，展现出自然地理环境变迁对民族服饰的必然影响。两汉时期的文物中，布依族人民就有用于农业生产的铁制和铜制器具，如锄、犁、铲等。除此之外，该地区还出土了关于稻米、大豆等农作物的遗骸，还有紧挨水池的水田模型等。男子主要从事田间的重体力劳动，服饰款式很简单，体现出“男朴女繁”的特征。“从动物装饰到植物装饰的过渡，是文化史上最大的进步，是从狩猎生活到农业生活的过渡的象征。”①

由于早期布依族人民的生产力水平低下，经济生产方式比较单一，生活资料也不算充实，需要花费日常较多的时间去从事许多繁重辛苦的体力生产活动才能满足基本生活资料的需要，故而不会花费过多时间在满足基本生活资料质量上。以服装为例，由于没有足够的时间制作服饰，为了能将简陋的房屋修补完成，他们必须再到森林砍伐树木，量好要修补好的木材尺寸，回到家中再细致地修补。有时候在穿梭布满荆棘的丛林时，衣服难免会被树叶的刺划破，偶尔会被迎面袭来的动物的尖牙啃破，被生在树干缝隙里的蛀虫啃破，同时最经常的状况就是在从事肩扛、肩挑的农活时，就会不断磨损身上的衣服。

然而这对于荔波地区的布依族人民而言则是不需要担忧的问题。用方

①〔俄〕普列汉诺夫. 论艺术：没有地址的信［M］. 曹葆华，译. 北京：生活·读书·新知三联书店，1964：40.

格纹土花布制作的布依族服饰在许多细节上非常适合长期的农业生产。例如，其服饰即使是在服装沾上泥土之后经过轻轻拍打便可去掉，或者不小心沾染上植物的汁液也能够经过简单的泡水程序之后便能逐渐消失，十分耐脏，不用经常花费时间去清洗。同时，荔波布依族人民在穿越荆棘丛生的山间小路去从事农业生产时，就算服饰上总是会容易沾上贴梗海棠、小果皂角、火棘等带刺灌木，但只要用手轻轻拔取或拍打之后便能够清理完毕。这主要得益于荔波布依族服饰在制作工序中加上木槌捶打的工序，能够让蜡染布看起来更坚实厚重。蜡染布变成青蓝色时，表面光滑发亮，摸上去光滑鲜亮，具有耐磨的特性。因此荔波布依族服饰的使用寿命比较长，一件衣服能够穿上十几年以上都是常见的事情。

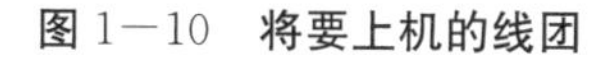

图 1—10　将要上机的线团

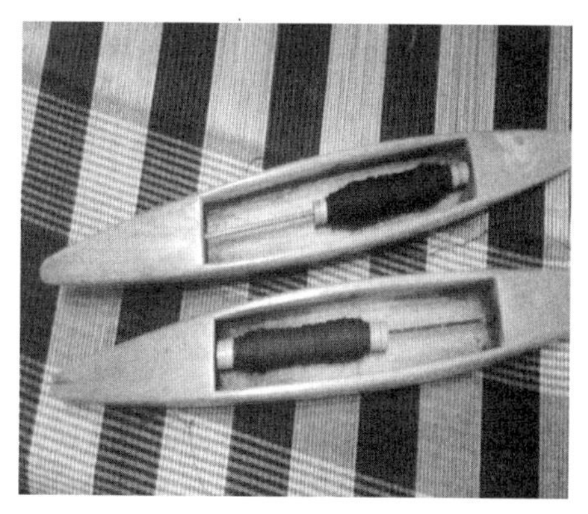

图 1—11 织布机上的线团

此外，荔波布依族服饰在触感上有一种棉质的硬朗和麻木感，让人感觉格外的踏实。布依族生活的大多地区气候温热湿润，雨量充沛，山多林密，植物种类丰富多样，因而其服饰多以棉麻和植物染料为主要原料，其布质厚密，耐磨耐穿，纯手工制作，对人体有较好的御寒以及保护作用。荔波布依族服饰的物态形式主要为衣服类和饰品类，前者即用来遮盖身体的物品，从其构图的疏密、色调的冷暖、空间的虚实这些表层内容就可以窥见该地区布依族服饰的款式结构；后者主要指用来增加穿戴者外表魅力的物品或者具有一定含义的图案和标志。

图 1—12　“衣龄”将近 20 年的布依族服饰

图 1—13　耐脏耐磨的布依族服饰

作为传统稻作民族，布依族人民几乎每天都会与泥土打交道，田间的黄泥、道路的淤泥、山间的红泥、矿区的黑泥，都是他们平常会接触到的泥土，不仅如此，当他们在森林里砍伐树木时，难免会被那些嫩绿多汁的树叶裹住，留下难以洗掉的汁痕，穿上这样的衣服，便不会轻易看出来衣服的肮脏程度。虽然布依族多喜河谷平地，傍水而居，历史上也曾被称呼为“水户”，但在一些偏远山区内也同样缺乏水资源。有些布依族人民生活在高山地带，水资源比较匮乏，也没有先进的灌溉和抽水技术，将山脚下的水资源抽调到山上进行充分利用，没有那么多额外的水资源清洗衣物，所以一件衣服需要可以穿上一两个星期也不显得脏。同时他们又有安土重迁的个性，因而更喜爱由耐脏的蜡染制成的衣物。宽松的衣裤能够消除热感，通风散热，在经过河流小溪时可以轻易地挽起裤管，同时还易于在生产活动中灵活自如地使用工具。

值得一提的是，荔波布依族服饰款式简约、配饰较少，因而更加符合服饰的安全性。现代服饰中的帽绳、领绳、裤脚绑绳等衣服装饰物件很容易使人们在日常生活中被房门、车门、电梯间隙等夹住，造成伤害，有时会严重到危及生命，日常新闻报道中就不乏有些幼童因为穿着有帽绳、领绳的衣服而出现窒息的意外。另外，还有一些类似铆钉等带棱角的金属装饰品也容易在人们的活动中刺伤或刮伤人体，甚至有些金属制品在脱落后容易被婴幼儿误食，这些安全隐患也经常在现代服饰中寻找到踪迹。

总之，布依族服饰的喀斯特风味主要体现在其与周边生态环境之间的关系上。首先，荔波布依族的服饰均为棉质材料，自己亲手种植的棉花经过繁杂的加工程序最终走上织布机，被身怀高超纺织技艺的布依族妇女们织出各种图案的土花布，而后又经过复杂的裁剪程序最终成衣。这种棉质衣料遮羞保暖，柔软舒适，透气吸汗，穿着轻便，能够满足人们对于生物生命的追求；其次，其颜色以蓝色为主，这就与深蓝的碧空湖水相映成趣，这满眼的蓝色何尝不是对蓝天的呼应以及对湖水的青睐呢？其服饰的图案也由周边生态环境中动植物作为原型，这种对动植物的崇拜的精神追求最终体现在其服饰上，是其对大自然敬畏和爱护的体现，也是其与自然生态环境和平共处的美好愿景。

三、生殖求偶

根据封氏生命美学对于人的本质的定义——人的本质是生命，解读服装本身就是在解读人本身。布依族服饰是从御寒保暖、遮羞避体的萌芽状态，逐步发展成为具有审美观念的状态。人们通过服饰将自己融入社会，因此服饰就其实用价值而言，体现出了为他性（即为了让别人看）。服饰所呈现的美是造型、色彩、纹理，服饰美体现着着装的意蕴。

吕思勉《先秦史》第十三章里说："案衣服之始，非以裸露为亵，而欲以弊体，亦非欲以御寒。盖古人本不以裸露为耻，冬则穴居或炀火。亦不借衣以取暖也。衣之始，盖用以为饰，故必先弊其前，此非耻其裸露而弊之，实加焉以相挑诱。"①

动物皮毛的自然美都与生殖求偶有着直接的关系，美丽的外貌都是求

①罗莹，成镜深. 中国古代服饰小史［J］. 四川职业技术学院学报，2003（3）.

偶对象进行配对的选择优势。而人类的服饰除了温暖护体的使用功能之外，同样有着与动物一样的自然之美的功用。这是进入文明时代的人类对自然美的外化衍生，服饰的美，是求偶配对最直接的视觉刺激因素，用今天的话说，男子的穿着阳刚帅气、精神体面，更能够吸引女子的关注度，就会具有更多的恋爱婚姻机会。反之一样，女性越来越懂得美化自己的外貌，当代社会女性服装是最大的服饰设计师舞台。女性通过服饰可以让自己千姿百态，使自己在男性眼中变得秀色可餐。女性服装除了单纯的美也有着越来越多的性感因素，自然形体美越来越得到服饰设计的重视和展现。布依族服饰在花型图案上也有属于婚姻爱情的特色符号指向，比如用来象征贞洁和爱情的荷花，多出现在未婚少女服饰当中，同时还有象征婚姻幸福和忠贞不渝的鸳鸯图案。值得注意的是，同样是涉及两性关系的功能，布依族服饰并不像唐朝宫廷女性服饰那样刻意直白体现其胸部呼之欲出的吸睛的性感之美。她们不暴露身体曲线，也不突出女性性征，不直接表达性诱惑，这是布依族服饰的含蓄内敛精神文化的体现。

在中华民族服饰的发展史上，能够展现女性自然形体美的服装只有在盛唐时期才被展现出来，但却也昙花一现。除此之外，女性的躯体以及精神灵魂被严密包裹起来。在传统的服饰中，人的本身似乎是不存在的，也不过时一个衣架子而已。在传统的服饰中，人属于次要角色，女人的体格仿佛被格式化成一种形式，只是配合着这诗意的线条，很难看出女人本身的身材特点。传统的儒家文化希望通过那些封闭保守的衣裙来塑造女性温顺娴静的性格，女性的美德中必须带有顺从、忍让的品质，如果女性的服装太过奇异触目，那自然就显得伤风败俗。如今迎来的开放的服饰时代从文化角度上来说就是对人性压抑的有力反叛。以上观点权当是笔者对女性服饰特点的一种放飞式的畅想。

人的文化创造可以大大提高人对自然条件的适应力，在人的生活的每一方面都可以看到文化进化的痕迹：缺少阳光，人类创造了太阳灯；氧气稀薄，人类发明了氧气瓶和氧气袋；水塔和水管的创造，方便了水的使用等。正是这种文化创造，使得人的生命活动开始分解为无数个环节。在人的许多生活行为中，仿佛有数不清的举动看不出生命意义。但实际上，人的每一个举动都是有生命意义的。[①] 例如，关于人类繁衍的问题，人类分解出恋爱、婚介所、婚姻、家庭、保育院、舞厅、美容院、化妆品业、时装业、首饰业等领域，并逐渐促进人类社会许多产业的发展。

生活理性是指在处理人与自然、人与超自然存在、人与人、人与文化的关系中形成的某些价值取向和行为原则，这些原则包括积极适应和改变历史传统和现实环境，追求偏好性价值需求和事物更大功效等的实现。[②]

20. 由于布依族民族服饰的现代化程度非常明显，因而原本体现其生育求偶能力的服饰制作技艺也越来越微弱。例如，长期居住于贵州省的布依族人民由于经济条件的不断改善后便开始用手中的闲钱从开放流通的市场上买到美观时尚又便宜的成品衣，免去了自织土花布的费时费力的工序，也避免了自制自织衣物的易褪色、手感粗糙的特点。这些从市场上轻易购得的现代服饰是布依族年轻人钦慕或模仿大都市时尚高端生活的重要体现。从此，布依族人民传统服饰的制衣技术和工艺不再是检验成为一个合格的成年布依族女性的必然条件。有些布依族人民已经逐渐产生单纯追求经济或财富增长的思想倾向和价值态度，他们不再愿意花费更多时间和精力去亲自制作本民族服饰。他们认为，种植棉花、自织、自纺、自染、自制等程序不仅复杂，而且还十分耗费原材料成本和时间成本，在市场上购买一件衣服要比自制的衣服要便宜划算得多，何乐而不为呢？

尽管荔波布依族服饰几乎没有任何因素是专门用来强调性感之美的，但它却最多能够体现生物生命这一层面的基本生理需求及功能。

①封孝伦. 生命之思［M］. 北京：商务印书馆，2014：86.

②甘代军. 文化变迁的逻辑：贵阳市镇山村布依族文化考察［D］. 北京：中央民族大学出版社，2010：136.

本章小结

服饰是满足人类生物生命需求的载体之一，各民族服饰所选择的款式、材质等方面均与当地人民的生存环境、生活习惯等方面息息相关，体现其与周边生态环境和谐共生的理念。服饰绝不是空洞抽象的符号，而是有灵性和有意味的，是具体的生物生命体验。民族服饰的穿着者通过自身服饰彰显各民族所处的自然环境、地理区域特点以及不断适应生态环境的过程。荔波布依族人民具有极高的生态审美情感，引山水为知己，视自然为审美标准，在生命、自然、日常活动之中寻求平衡的支点，生态环境又成为服饰与生理要求之间的约定线。荔波布依族服饰就是其独特审美追求的体现，它源于自然生命，反映群体生命，体现人在生态环境中不断适应过程。

与其他民族尤其是汉族，以及现当代的主流服饰做比较研究，布依族服饰在生物生命这个角度有着它生命形态和独特的表达逻辑。首先，它具有长达上千年的较为完整的文化延续。如果从西汉时期的夜郎古国算起，这个民族一直偏安于西南地区一隅，虽有历代战事动荡，但是在文化延续上并没有类似汉族这样的明显演变（例如汉族服饰在清王朝时期就遭受了重大破坏性改变），因此布依族服饰才被良好地保存并发展延续下去，这主要体现出布依族人民对本民族服饰的生命有呵护。布依族服饰有着它特殊的衣养之道，有着它特殊的情爱言说方式。那是一种简洁而美善的生命形式感，没有汉服那么宏大的欲望承载，似乎也从来没有经历过像汉服或西方服饰那样的复杂的生存境遇。因为布依族和它的服饰文化都没有将野心和欲望摆在第一位，它是天人合一的整体色调，单纯、和谐、不放大竞争，这也是布依族文化中的难得的生命之道。在布依族服饰庇护下的生物生命显得温和而不低沉，又像是清秀明亮的刺梨花，是一种明亮的生命体。

第二章

精神生命视域下的荔波布依族服饰

第一节　遮羞安全："心目中"的伦理底线

一、遮羞乃服饰的最初使命

人先有生物生命，这是人的历史起点，也是逻辑起点。在生物生命（脑）发达的基础上，产生了第一次否定——精神生命。精神生命既扼守着生物生命的生命目标，又突破了生物生命的客观局限性。生物生命利己，社会生命利他，而精神生命也是利己向利他的过渡，利己而不损他。精神文化一旦形成，就会影响物质文化和制度规范的发展，构成其整个文化传统最为稳定的部分，是整个文化传统一以贯之的主旋律。[①] 人是有着丰富精神活动的动物，但如若要进行精神生命活动，就必须要有生命主体。

人在精神时空中往往具有功利性。有的东西并不是直接满足某一个人的功利目的，但能使人类总体的功利目的得到更长远、更宽广、更有效、更丰富的实现，如对真理的追求、对善的原则的建立和维护、对科学教育的发展，等等，具有间接功利性。[②] 服饰自古以来就是社会生活中一种重要的精神文化载体。谁都不能否认服饰带给每个民族的生生不息的社会文化力量。因此，服饰所能展现的人类精神生命非常丰富生动，在人们精神生命追求的许多方面可以体现。少数民族同胞们将现实生活中所喜爱的动植物图案绣在服饰上的行为已经可以追溯到远古时期。人类除了最早时期的以衣蔽体来保暖和免受自然界的侵害，他们的着装观念反映着人们在精

①杨晓燕．布依族古歌中的精神文化研究［D］．贵阳：贵州师范学硕士学位论文，2009.

②封孝伦．生命之思［M］．北京：商务印书馆，2014：310.

神上的一种潜在追求。衣以彰身，即衣饰是人体的修饰符号和色彩。对这些符号色彩的喜好在许多情况下大多是群体文化背景下集体无意识的表现。因此，服饰可以真实体现出人们的精神追求。人类在丰富多样的精神生命驱使下也衍生出对服饰相应的具体要求。

我国素有“衣冠之邦”，有“上古衣毛而帽皮”之说。我国正统的儒家伦理服饰礼制十分严格。这就使服饰能够见证文化的变迁，这在中西方历史中早已得到见证。它以一种外在的思想元素叙写着时代史诗，彰显着某个民族的图腾文化，表达着人们的内心的情绪，它更是社会变迁和观念转换的标志，而我国历朝的更迭更是以易服为开端。

服饰的遮羞功能在伴随着其保暖、御寒、防晒等最初的生物生命功能而诞生。孔子有言：“人不可以不饰，不饰无貌，无貌不敬，不敬无礼，无礼不立。”受程朱理学“存天理、灭人欲”的思想和中国传统审美追求中庸、含蓄的美等影响，原中国的大部分少数民族（除了生活在热带地区的傣族等少数民族为了散热而将服饰设计得短小贴身之外）服饰大多不追求凸显身材性感和对人体曲线的刻画，因而其造型上多为平面裁剪，服装款式较为宽松，遮掩人体，把人体的曲线隐藏在服装之中。换句话说，这些服饰不可以塑造人体胸、腰、臀的曲线美。由于服饰是有生命的人跟无生命的衣物相结合的产物，因而它既是物质产物又是精神产物。服饰的“遮蔽”与“解蔽”的矛盾在人的感性与理性之间起到平衡作用。裸露自己的躯体是羞耻的，只有社会下层人物为之。[①] 衣服表达了两种矛盾的倾向：既是羞耻感的表现，又是炫耀欲的实现。[②]

德国艺术史学家格罗塞说过：“遮羞的衣服的起源不能归之于羞耻的感情，而羞耻感的起源，倒可以说是穿衣服的这个习惯的结果。”例如，原始人类还没有懂得穿衣的时候，是没有羞耻感的；遮蔽性器官，是为了吸引异性；但当穿衣逐渐成为一种习惯时，羞耻感却反而产生了，因此偶

①陈醉．裸体艺术论［M］．北京：中国文史出版社，1987：50.

②〔英〕乔安尼·恩特维斯特．时髦的身体——时尚、一桌和现代社会理论［M］．桂林：广西师范大学出版社，2005：69.

尔暴露性器官却引以为羞了。当人的自然属性被社会属性所压制，服饰对人的“遮蔽”又相应地产生了道德伦理功能。

民族服饰原本是倾注了审美主体心血和精力的物品抑或艺术品，因而在穿着或保存时会融入主体更多的感情，那么现代社会大多数人已经不再自己亲自动手制作服饰而选择在商场或者网上各大服装店铺进行购买，那么这种倾注的感情和服饰的生命力是不是会减少呢？这个因人而异，不作具体的阐释。但是值得肯定的是，自从人们将服饰作为遮羞的工具开始，服饰的遮羞安全功能就越来越稳固。致使人类在设计并穿着服饰时都首先要以遮蔽性器官、乳房等重要部位为前提之后才会进一步思考身体的哪个部位可以暴露出来。

荔波布依族服饰的形制款式保守，衣长盖过身体的大部分面积，无直接裸露身体部分，彰显布依族人民委婉保守的民族性格。例如，布依族民俗故事《布依族妇女为什么扎花腰带》中说，迪进和迪银兄妹二人成亲后造了人烟，为了要避体遮羞，他们穿上了衣裤，同时还扎上了绣花腰带，以作男女性别之分。除了男性服饰不能裸露身体之外，女性服饰更加体现出审美主体本身遵守服饰伦理和道德的初心。与贵州省其他地区的布依族服饰遵循保守的服饰形制一样，荔波地区布依族女性服饰基本将身体全部覆盖包裹，没有所谓坎肩、短袖或中袖等服饰形制，即使是在需要长期进行稻田耕作时，他们也只是将裤脚或衣袖往上挽，而不是将服装形制改制成裸露腿部或者手臂的样式，取而代之的是宽松而耐脏耐磨的裤脚和衣脚，这就说明，尽管在不断提高的经济和生活水平背景下布依族人民仍然对服装的保守思想坚守不已。

笔者曾有过一次这样的经历，记忆尤其深刻：有次父亲叫我们三姐弟出门办事，因正值盛夏，天气炎热，为节省出门前的时间，笔者打算直接穿着坎肩短袖和短裤出门，等走到门口，父亲呵斥说：“作为一个女娃娃，你就穿这身衣服出门?”笔者立马秒懂父亲话中之意，赶紧回房间换下短袖和短裤，从那以后每次出门都会特别注意服装是否裸露太多，生怕会遭到父亲的责骂。随着年龄的增长，父亲年岁老去，他不再有精力或者闲暇去监督我们出门穿着保守的服饰，但我们内心会自然而然地认为坎肩、短裤等裸露过多身体部位的服装总是不适合保守内敛的布依族姑娘。这和伊斯兰教徒女性出门要将包括头发在内的身体的每个部分都包裹起来的思想有着相似之处。不管是出于对少数民族宗教信仰教条的遵守，还是出于刻在本民族性格基因中的保守内敛，很多少数民族服饰总是倾向于将服饰的基本功能归于遮羞，保护女性的生命财产和荣誉安全。因此只要网络上爆出一些改良民族服饰传统的穿着方法，大搞性感风或者撕裂风格的新闻，总会有一些守护传统的人们发声，呼吁我们保留民族服饰传统本真的味道，不要为了博得眼球、赚取流量而走另类风格。这也是服饰遮羞功能在普通中国老百姓观念中最重要的坚守。

二、神话传说中的服饰之道

如果说人类的生物生命追求要求服饰要能够保暖、防止烈日暴晒或防止外物刮伤刺破身体表面以维持生命体征稳定，那精神生命下的服饰追求则要求服饰能够在精神层面带给人们心理上的安全，这也是马斯洛需求层次中对“安全需求”的强调作用。服饰带来的对身体的保暖和保护作用能够为人们获得精神上的安全提供基础。笔者发现一个有趣的现象：现实中总有一些人在遭遇人生重大精神打击或者挫折时会比正常人的体感温度要低得多，因此他们会通过增加衣服的数量或者厚度来满足自己对于暖意的需求，即使他的衣服已经穿得比正常温度下所要求的服装厚度还要厚重，但他还是会感觉体感温度较冷。这种现象被称之为“心理失温症”。只有通过排除或解决他所面临困境或挫折，使其拥有美好愉悦的心情，才能将这种失温症逐渐解除。由此可见，服饰对于人的精神安全或心理层面的安全有很深刻的价值和意义。从布依族人民的神话故事传说的解析中，我们能够看到荔波布依族服饰能够体现出人们对精神安全的奋力追求和渴望。

恩斯特·卡希尔指出：在神话的想象里，总是暗含一种相信的活动，没有对它的对象的实在性的相信，神话就会失去它的根基。[①]布依族神话是一个有联系的统一体，从开天辟地到射日造人烟都是一个集宇宙观、美学趣味等意味在内的事物。布依族服饰的遮羞安全追求起源于他们的神话故事。

马克思认为：任何神话都是想象和借助想象以征服自然力、支配自然力，把自然力加以形象化；因而，随着这些自然力之实际上被支配，神话也就消失了。

布依族古歌及神话产生的现实基础主要来源于其先民为了生存而同大自然进行不断斗争的过程。他们在无法应对大自然灾害、不能正确认识其本质特征时只能借助于幻想、想象等方法祈祷灾难尽快消除，与大自然和谐相处。这主要与布依族先民当时的认识水平还不能准确地对客观事物进行正确的反映有关。

例如，布依族摩经中的神话史诗有大量关于人类来源的描述。在原始社会时期，原始初民对人类起源的认识，带有幼稚的幻想色彩，反映出在那艰难岁月里人类为了繁衍后代和延绵种族的强烈愿望。因此人类起源的神话总与洪水神话紧密联系在一起。这也说明在那个时代洪水常常危害人类社会。例如《洪水潮天》和《兄妹成亲》叙述的是天地被开辟后，世间万物浑浊，但雷公懒惰贪睡，很久都不下雨，致使人间大旱。布杰上天将雷公捉到人间囚禁，以作处罚。雷公趁布杰外出，蒙骗布杰的儿女伏哥、羲妹，喝到了水，恢复了体力后便挣破了囚笼，逃回天上。为了酬谢这兄妹俩，雷公送给他们一粒葫芦种，吩咐他们种出大葫芦，将来便可凭借葫芦躲避洪水灾难。伏哥和羲妹听话照办了，因而后来他们成为洪水劫后幸存下来的人。神仙劝说他俩成亲，繁衍人类。婚后，羲妹生下一个肉坨，他们一气之下，把肉坨砍成碎块，抛到四面八方。等到第二天，这些肉坨都变成了人，世界上又有了人烟。这个神话说明了布依族历史上也与其他民族一样经过“血缘婚”的阶段。这是由原始人类早期的社会历史决定

---

①〔德〕卡希尔．人论［M］．唐译，译．长春：吉林出版社，2014：96—104．

的，是必然要经过的一个阶段。

又如，有关布依族围腰方面的传说：《围腰的来历》《围腰花的来历》《花围腰的掌故》《围腰口的来历》。布依族人民的服饰来自生产劳动、质朴的审美趣味。

布依族风物俗志文学作品《迪万和娘花》叙述了娘花织布，在仲家的白布上挑针刺绣，绘制美化花溪的图案；《仙人塘传说》深刻了描绘对七仙女衣着的腰带；《黄果树瀑布的传说》讲述白妹围腰上的喜鹊变成变成剪刀，继而又剪断白布，顿时变成白哗哗的瀑布。

随着布依族历史的不断发展，社会生活不断丰富，人们的思想和阅历也不断产生发展变化，关于围腰的风俗故事也在不同的地区流传演变。例如，关于布依族妇女的“围腰”的形成过程就有不同的说法：有一种说法是，在远古时期，由于女人比男人聪明，因此前者出主意，后者只能出体力。男人们不服气，通过共同商量，于是将布绣上花，做成了一块围腰，女人拿去一围，从此就被蒙住了心，不再像以前一样聪明，男人也不再受到女人的管制；第二种说法是：在远古时期，布依族的习俗是男嫁女，女人做主，男人受气。后来有一个叫梁二的布依族小伙出嫁之后很受气受累，常常吃不饱饭，渴望摆脱苦难的生活。有一天晚上，他被婆娘逼去砍柴，到庙里歇气，做了一个梦，一个神仙给了他一块绣花腰带，叫他拿去给婆娘围上。[①] 女人们看到绣满花卉的围腰后都争相去学着做，也兴起了围围腰的习惯，再也无心管制男人，男嫁女也渐渐转变为女嫁男习俗，展现出母系社会转向父系社会的历史演变过程。马克思曾经说过：“在原始时代，姊妹曾经是妻子，而这是合乎道德的。”这也为布依族围腰的来历提供了有效的佐证。

流传在黔南独山一带的《围腰的来历》曾经这样说：很早以前有一对布依族夫妻，男性叫何能，女性叫莫氏。有一位恶霸看中了莫氏的美貌便企图霸占。于是他首先蓄意刁难何能，让他送一枚公鸡下的蛋，又要莫氏

①贵州省社会科学院文学研究所. 布依族文学史［M］. 贵阳：贵州人民出版社，1983：75.

做“百十百碗饭、九十九盘菜，放在圆盘千孔桌上”供他享用。如果以上事情都办不到，那么就要将莫氏拉走。莫氏却用聪明巧妙的方法戳破了恶霸的诡计，这使恶霸非常生气，于是就恶毒地用一块布围在妇女胸前，蒙住她们的心，让她们从此不再聪明智慧，俗称“遮心布”，但大家最后却把它系在腰上，避免在干活时弄脏衣服，并称之为“围腰”。

关于《围腰花的来历》的故事也大致与以上内容相似。说的是有一位土司为了为难老百姓，于是要求他们去找一根天上到地上那么长的绳索来“摘下天上的月亮”给他观赏，还要让老百姓炒一盘“金丝炒肉”给他吃，如果以上的事情都办不到，他就要老百姓增加捐粮税赋。这些难题最后却被布依族的一位聪明的姑娘棉妹巧妙地一一攻破，土司十分气愤，于是他让摩公“画符”并把它画在布依族妇女的围腰上。但妇女们最终却识破了他的诡计，只把“符”绣在鞋帮上，日夜踢得土司心头疼痛难忍，而将美丽的花草图案绣在围腰上，成了美丽的服饰装饰而流传至今。

以上关于布依族围腰的传说尽管版本不一，但内容大致相同。它们都体现了布依族妇女面对诸如土司、财主、恶霸等封建统治阶级的压迫及欺凌时能够不屈不挠，敢于通过自己的聪明才智来与之抗衡。同时，这些关于围腰的传说也深刻再现了旧势力对于布依族妇女的无情压迫和歧视。她们只有通过不断地辛勤劳动，提升自我的应变才智才能在这万恶社会中生存下来。布依族人民反抗反动统治阶级的英雄人物，鞭挞了作威作福的剥削、压迫者。

布依族地区关于牛角帕的传说也不少。流传于黔西南地区贞丰县的传说《包牛角帕的来历》对布依族妇女包牛角帕的原因作出以下叙述：很久以前，那里的布依族由原来的平坝地区迁往山区的路途中烈日炎炎，没有水喝，口渴难忍。有一天他们看到一头白牛在树荫下吃草，便知道有草的地方必定会有水。最终经过一番寻找，果然找到了水源，解决了路途中喝水困难的难题。后来人们为了感谢那头白牛，便将头巾包成了牛角的形状，纪念这段有意义的历史。由于牛作为一种十分重要的农耕工具，在少数民族的宗教信仰中承担着极其重要的作用，这不仅体现在物质文明中的很多物品当中（例如房屋、头饰、手工艺品等），还体现在精神文明之中（例如民俗节日“四月八”“六月六”等）。

布依族女性在出嫁时用手巾蒙脸的习俗在《赛胡细妹造人烟》的神话中这样描述：混沌初开，雷公作恶，先是大旱，后是布依族祖先对其施行惩罚，天降倾盆大雨，凶猛洪水淹没了人间。布依族兄妹赛胡和细妹坐在葫芦里而躲过洪水的侵袭，幸免于难。最后人间的其他人都被洪水淹死，只剩下两人。为了繁衍子孙后代，在太白金星的撮合下，兄妹二人结成夫妻，然而却生下来一个奇怪的肉团，他们恼羞成怒，于是将肉团切成一百零八块，撒向四方，结果变成一百零八姓人，从此人间又有了很多人。据说，赛胡和细妹成亲时，细妹出于新郎是自己的哥哥而十分害羞，太白金星于是出了主意，用布蒙着脸，看不到新郎就不会害羞了。这一传说既是布依族原始社会对人类起源的幼稚浅显的认识，也体现了布依族先民在历史上曾有过族内婚制，同时也体现着手巾或者布块在布依族人民精神生命中的重要地位。它们成为布依族婚俗中必不可少的陪嫁单品。

神话反映现实的观念，它建立在一定经济基础上的上层建筑。高尔基说：“神话乃是自然现象，与自然的斗争以及社会生活在广大的艺术概括中的反映。”由于远古时期的布依族经济和文化均处在最低级的发展阶段，集体成员只有进行集体生产生活才能维持个体生命的延续。同时，由于社会分工尚未发展，集体成员之间没有阶级的区分，各成员之间采取平均分配、互帮互助的形式进行生产劳动。上古时期的歌谣主要与音乐、舞蹈紧密联系在一起，体现集体性和综合性的特征。随着社会发展，有些古歌在原来的基础上也增加了一些人类进入阶级社会后的元素。例如，《开天辟地》中出现的皇帝就是一个重要的例子。有些古歌、神话的题材又不仅仅是布依族人民独特的产物。例如《盘果王》《混沌王》《洪水齐天》《十二个太阳》等这类故事都还普遍存在于汉族、苗族、水族、侗族等民族之中。这主要是由于布依族同其他民族一样，在原始社会时期体现出社会生产力低下、对大自然的认识度不够的特征，对大自然产生敬畏并渴望认识并征服自然、主宰自己命运的愿望。同时，各民族进入阶级社会之后进行了文化和经济等方面的交流。例如很多少数民族都有自己的洪水神话：汉族有《大禹治水》《女娲补天》、苗族有《洪水滔天》、水族有《人类起源》等。尽管这些神话的篇名和主人公的名字不同，但其故事都具有一样的主题，说明这些洪水神话具有明显的民族特色。

布依族人民重视生活与自然的和谐，很多物质和精神文化都是在日常生活中以及与自然环境共存之中创造而生的。例如布依族男子大多穿蓝色、青色或黑色的对襟短衣和长裤，大都取自自然的染料，体现了他们纯厚、温情和俊秀的自然美，布依族在传统节日“三月三”“四月八”到来之时而制作的五色糯米饭便是用植物的花和叶染制而成，另外，布依族蜡染使用的布料大多用自种的棉花自纺、自织、自染而成，色泽天然，体现了古朴纯美的别样风情。布依族崇拜自然美以及与自然亲近的最突出的体现便是本民族独具特色的干栏建筑，这是他们物质和精神生活的最佳审美居所。这些干栏建筑生动地掩映于翠竹、绿树、芭蕉阔叶之间，稻田溪水交织成景，构成一幅自然、审美、生命交相辉映的美好图景。布依族的审美文化秉承了中华民族传统的哲学理念，在天人关系里也追求“天人合一”，在情境关系中，也偏重“情景合一”。例如，虽然布依族人民没有自己的文字，但民歌浩如烟海，整个文化是一部律动的史诗，铿锵有力，描绘了无事不成歌的景象。布依族人民用古歌记事，用服饰传情，将自然与人作为一个整体传唱，尽情体现“以和为美”的审美情感。布依族在艺术审美方面以整体关照为鉴赏手段，体现着他们关注自然、追求人与自然和谐相处的理念。例如布依族戏曲艺术，即宗教祭祀的布依戏就使他们在观看鉴赏中愉心怡神，体验生命的自由，重视人与自然和社会的真正和谐。

以上各种类型的神话故事都从侧面体现出服饰能够给布依族人民带来精神层面的安全，不管是从围腰和牛角帕的传说中体现人民热爱生活，努力排除万难奔向美好生活的神话传说，还是那些对大自然产生敬畏并渴望认识并征服自然、主宰自己命运的愿望的各类神话故事，都是他们精神生命的具体体现。

第二节　年龄指示：服饰的角色

众所周知，不同的人对于年龄的期许和心理值不一样。值得一提的是，服饰最能够彰显人们丰富的精神状态和心理年龄。不同的年龄阶段对服饰的材质、款式的要求也大都截然不同。婴幼儿时代一般追求服装的材质要舒适贴身，不能因为劣质的材料而危害孩童的身体健康；年轻一代一般追求服装款式的新颖另类，以表达自己的个性和追求，精神生命极其旺盛；年纪稍大的上班族则主要追求服装的品牌，越是大牌也更显得自己的社会地位和收入水平，同时还能彰显个人的精神追求；三十岁之后的人则又重新回归婴幼儿时期对服装材质上的追求，生物生命比较旺盛，因而有很多人又开始追求棉麻质材料的服装，舒适、吸汗、养生类的服装就很受欢迎。于是商家们要不断迎合大众的需求而运用各种先进技术来提升服装的养生质量和效果。市面上现在出现了很多具有生态设计效果的服装。

但是服饰有时并不尽然体现其与大众观念中的年龄段相吻合的现象，他们有时会反其道而行之，在人们所认定的固定年龄的服饰要求之下穿着年龄会掩盖自己的真实年龄。例如，有些人在某个年龄段渴望像森林一样葱绿鲜嫩静谧悠远而选择穿着森女系风格的服饰，过了这个年龄段之后又会喜欢穿着“晚晚风”类型的服饰，渴望像贵妇名媛一样获得一定的社会地位的认可，然而到一定年纪后又会崇尚略显年轻运动风格的服饰，具有“重返年轻”的热切欲望，这又和十几岁的小女孩喜欢模仿成熟女性穿着和自己年龄不相符的服装以及化着浓烈的妆容的情况相反。因此，经过几十年的服饰风格变化，人们通过服饰来猜测某人的真实年龄的行为也已经越来越不准确，有时还会因为通过服饰的外观来判断其年龄而出现一些笑话或者尴尬的局面。因此，在彰显自我、宣扬人权的新时代背景下，服饰也已经不再是判断人们年龄差距的一个重要条件。例如，有些心态年轻、追求潮流的花甲以上的老年女性会喜欢穿着时尚、运动感极强的服装来到固定的广场，跳起律动的Seve舞蹈，健步如飞地展现老年人乐观向上的精神风貌，看到她们这么积极地面对生活，不畏惧年龄所带给自己的各种生理和心理的双重束缚，朝着重返年轻生活的目标而前进，这不禁使得很多才30岁出头抑或是20岁出头便感叹说自己已经有初老症状的年轻人感到些许愧疚。

因此，现如今能够彰显严格的年龄差异的服装就便是我国的少数民族服饰。这些服饰伦理要求在某个民族群体中的每个年龄阶层的人都需要通过不同的服饰来区分，以维持长幼有序、尊老爱幼的中华民族传统文化。到了一定年龄阶段，人们便需要在服装、配饰以及发型上做出相应的改变，特别是少数民族女性的年龄阶段就可以通过发型的改变（例如，苗族女性结婚后要将头发挽起来，向外界“宣告”自己出嫁，免得有心之人再惦记）、服饰配饰的改变等来展示年龄之间的差别，也向他人传递自己婚姻地位和身份的无声信息。

图2—1　不同年龄的妇女服饰

图2—2　不同年龄的妇女服饰

从荔波布依族服饰的形制就可以看出年龄角色的不同。例如，男装体现在男着衣衫，青壮男子基本上都是穿对襟短衣而且都习惯包头巾，大多都喜欢穿蓝、青、黑、白等色布服装。”[①] 女装则主要是头包花格子头帕，花格子右衽小袖上衣，白、黄、绿色盘扣，胸前拴梯形绣花飘带短围裙，下装着黑、灰色长裤。[②] 老年女装：头戴毛线帽，青色右衽长袖上衣，盘扣，胸前拴梯形绣花飘带短围腰，配银围腰链，下装着深色长裤。[③] 少女装：头戴镶彩珠、彩片绣花头帕，上穿花格子土布右衽长袖上衣，胸前拴梯形绣花镶栏杆飘带短围裙，配银围腰链，戴银项圈，下着深色长裤。[④] 荔波布依族服饰老年女装：头戴毛线帽，青色右长袖上衣。盘扣，胸前拴梯形绣花飘带短围腰，配银围腰链、下穿深色的长裤。

布依族服饰的装饰图案凝聚着该民族服饰的文化精髓，承载着布依族人民的理想和精神寄托，蕴藏着布依族人民对美好生活的向往和追求，他们服饰的每一装饰图案或纹样，都投射出布依族人民在长期生活中的文化意蕴及那份传统的文化信仰。[⑤]

①杨倩，张思华. 贵州省荔波县布依族服饰的传承与保护 [J]. 明日风尚，2018 (11).

②樊敏，陆明臻，王发杰，陈朝魁，蒙畅，吴红庆. 贵州布依族服饰文化 [J]. 黔南民族师范学院学报，2015 (3).

③杨倩，张思华. 贵州省荔波县布依族服饰的传承与保护 [J]. 明日风尚，2018 (11).

④樊敏，陆明臻，王发杰，陈朝魁，蒙畅，吴红庆. 贵州布依族服饰文化 [J]. 黔南民族师范学院学报，2015 (3).

⑤梁才贵. 装饰图案寓意之美学探析——以布依族服饰图案为例 [J]. 美与时代 (上)，2016，(第 6 期).

第三节　古歌艺术中的服饰之韵

人的生命是一种客观存在，当人们欣赏艺术、进入庙宇虔诚祷告时，他们的精神生命都能与文学艺术中的人物或者神灵进行深刻而自由的交流。

除了生物愿望，人还有精神愿望。由于人在现实时空中的种种物质愿望都受到一定的限制，不可能充分实现，所以人只能在精神时空中寄予希望，干一切想干而在现实生活中不能干的事情，相对于客观外在条件，人在精神世界中则显得更加自由，可以畅想任何生命愿望的实现。总之，人在现实生活中最缺少什么东西，在精神时空中就最喜欢创造相应的内容。马林诺斯基曾说过："艺术一方面是直接由于人类在生理上需要一种情感上的经验：即声、色、形并合的产物，另一方面它有一种重要的完整化的功能。审美的动机在不同的文化水准上，都会使知识统一化和完整化。"①

人的精神生命能够产生满足其生命需要的精神食粮。人们通过各种符号和语言表达并传达自己的精神生命活动，并创造了艺术。它能满足人们当下的精神生命追求，它本质上是人类精神生命需要的产品，彰显人类生命意识的表达。换句话说，艺术存在就是为了满足人在精神时空中的生命需要，舍此艺术没有其他的目的。② 尽管关于艺术的起源有劳动说、巫术说、游戏说，但还是因为人类生命在精神时空中展开追逐、获得了满足，这才是艺术不断产生的源泉和动力。

每个民族都必须在一定的自然环境中生存，与自然界发生千丝万缕的密切关系，寻找生存空间和交往空间。民族服饰作为民族艺术的一部分，

---

①〔英〕马林诺夫斯基. 文化论［M］. 北京：中国民间文艺出版社，1987.

②封孝伦. 生命之思［M］. 北京：商务印书馆，2014：127.

其与艺术一样也是由四周的自然环境、文化习俗、民族心境等条件所决定。复杂的自然地理环境孕育出殊异的生产方式，地理环境的性质决定了生产方式的类型，而不同的生产方式又产生不同的服饰文化，特别是服饰文化在产生初期无时无刻不受地理环境的影响。

图 2—3 荔波布依族老式女性服装

图 2—4 荔波布依族女性改良服饰

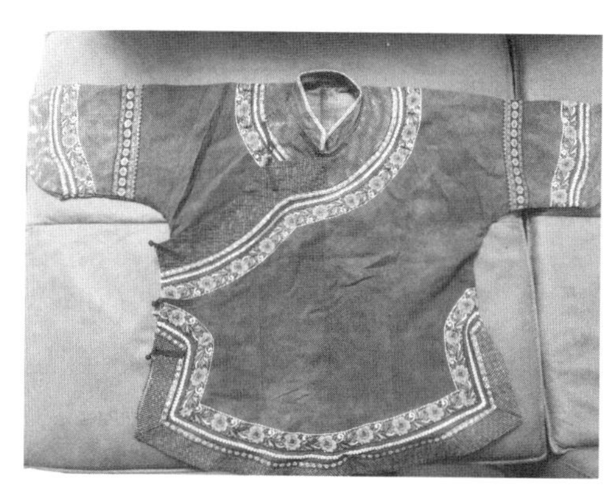

图 2—5 荔波布依族女性新式服饰上衣

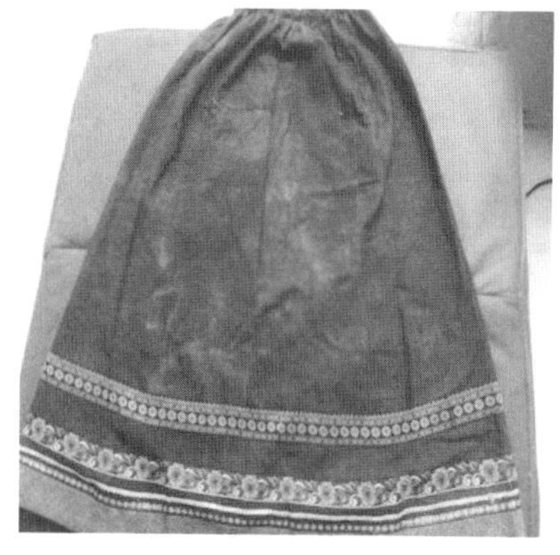

图 2—6 荔波布依族女性新式服饰下裙

布依族服饰作为本民族伟大的视觉艺术果实明亮而耀眼，她那外表低调但却卓尔不群、独立于世的形、色、韵，无声无息地言说着布依族的生命历史，言说着布依族的美。一个民族的生命以艺术化的载体而存在，她自然不会仅限于单一的视觉——服饰艺术，她不可能缺少了声音的艺术——布依族古歌，一种古老而朴实的声乐艺术。她与布依族服饰一样都是这个民族生命里无比珍贵而神奇的存在。

布依古歌的韵律，最适合去掉奏乐清唱。一个布依族女子站在黑瓦木墙边，抬起双肘，两手交叠于胸前，抬首而歌，其音抿抿，字字干净，朴实的腔调，高古的韵味如春风般迎面而来。此时的布依族女装犹如视觉化的节拍音符，古歌的腔韵，与这朴实明媚的衣装合一，音中有色，歌出于形，浑然天成，一腔一调游走在那简洁的花边线条上。《种棉歌》《十二层天. 十二层海》《六月六》《专选同心合意人》……一曲又一曲的布依族古歌述说着整个绵延不绝的生命史诗，生动再现了原始社会时期布依族先民主宰自己命运，与自然界积极抗争的事迹，对大自然奥秘进行探索，幻想征服自然，探索人类起源等问题。这种行为是在特定的自然环境、独特的历史条件以及复杂的族际关系中孕育出的精神文化。

据史料记载，早在新石器时代乃至之前，布依族先民所属的百越文化区域的原始纺织业已经相当发达，他们“知染采”，三国时代“五色斑布以（似）丝布，古贝木所作。此木熟时，状如鹅毛，中有核，如珠珣，细过丝棉。人将用之则治出其核，但纺不绩，任意小抽牵引，无有断绝。欲有斑布，则染之五色，织以为布，弱软厚致。”

布依族《种棉歌》有一首关于种棉花时节的颂歌这样唱道：“进入二月天气就暖，二月过去就是三月间，人人去耙地，个个去种棉。”关于种棉的土质选择，《种棉歌》中是这样唱的：“黑油油的土最好，黑油油的地最肥。选好黑油油的荒土，开来做棉花地。”还有注意农作物生产的情况，以便及时进行中耕、收获，例如在讲到开荒耙地时，《种棉歌》这样唱道：“先用弯弯的勾镰去砍，砍掉刺蓬烧成灰，又用亮亮的条锄去挖，把泥块耙得又碎又细。”在传授生产技术和劳动经验的《种棉歌》中有一些内容就讲述了织布的场景：“左手丢梭子，右脚踏一踏；右手丢梭子，左脚踏一踏。”这就体现出织布者的细微动作，使人们如临织布机之旁。关于棉树的生长情况，有以下叙述：“四月生出嫩棉芽，五月就长象枫树叶。六月棉树齐腰深，七月棉树比人高，八月棉树结棉桃，九月棉桃绽开了。”

以上这些关于种棉花的古歌都充分体现出布依族人民对棉花的种植和收成寄予极高的精神寄托，彰显他们从物质生活的追求转向精神生活的创造，实现由生物生命向精神生命的延展。在日常生活中，布依族人民不仅把棉花作为本民族服饰制作的基本原料，将其视为保暖遮羞护体的最基本材料保障，更是将其作为保障日常生活顺利运行的基本条件，因为棉花还可以被制作成床垫用品以及棉被，确保人们进行正常的生产生活，维持生物生命的延续。因此，他们将棉花的收成结果看作是一年收成中最重要的部分之一，并把长期积累的种棉花经验创作成歌曲并时代传唱，希望能在本民族无文字记载的背景下用脍炙人口的歌曲传承丰富的种棉花经验，避免后代缺乏对大自然知识的了解以及对天气气候的掌握而缺少种棉花经验，造成来年歉收而无衣可穿、无被可盖的情况，阻碍其进行正常的生产生活，因此通过古歌艺术来传承生产经验、文化习俗等形式是人类常用的文化传承方法。纵观古今中外的人类发展历史脉络，我们发现，在一些无文字或者文字使用范围不广的民族历史中，古歌的产生总能够将文化世代传承，只要有人传唱，那便能够传播，尽管其传播的正确率有高有低，内容有增有减，但其传播的结果总能或多或少起到维护文化传承途径的效果。例如，藏族史诗《格萨尔王》《亚鲁王》等作品的传唱年代之长、传唱内容之多、传唱群体之广就是许多民族古歌或者史诗能够在当今社会产生极强生命力的最佳佐证。因此，布依族人民种棉古歌的传唱尽管没有向藏族史诗这般气势恢宏，影响深远，但其重要的历史传承功能却生生不息，彰显了其宽广无穷的精神空间和生命厚度。

此外，布依族长诗《十二层天、十二层海》描写的“我们飞上二层天，天上飞白云，东一朵是棉桃，西一朵是棉花。我们拣几颗棉籽去种，我们摘几朵棉花去纺。用差的铺棉絮，拿好的棉纺纱”；“我们上到六层天，来到‘达哈’（银河）上，‘达哈’地方出好米啊，仙女卖粮摆了几十行。我们到银河来安家吧，客人，我们到这‘达哈’地方来扎寨吧，朋友！”这段诗句不仅体现了布依族人民从事农业生产的生动场面，更体现着布依族先民在进入农业社会后定居下来的事实。在此长诗中，布依族人民将种棉花事宜当作生活中的头等大事，在经过拣棉籽、摘棉花、挑棉花（用质量差的棉花去制作棉絮当床上用品，用质量好的棉花去纺纱并制作成衣服布料）等程序之后，人们仿佛完成了人生中最重要的事件，内心感到满足和愉悦。

《造万物·造布》中唱道："棉花有棉籽，有籽难纺纱，她爷做木架，给她脱棉籽；她爷做弹弓，给她弹棉花；棉花弹茸了，把纺车摆在竹楼中央，取出棉条细细纺，一节节棉条吐出细纱，纱锭积在纺车上；纱锭积满了竹筐，就拿纱桄来桄，纱锭桄成绺绺线，脱下来用米汤浆；浆好了纱就染色，在门口的空坝上，两边钉着两颗桩，套上纱锭牵来牵去，穿好筘穿好篦就上织机；左手丢梭子，右手踩一踩，右手丢梭子，左脚踏一踏，布像河水一样淌出来。"

《蜡染歌》这样唱道："刺绣的花为什么这样美丽？蜡染的花为什么这样芳香？因为我们劳动花才美，因为我们勤快花才香，花的美丽呀，是我们刺绣的成绩；花的芳香呀，是我们蜡染的结晶。美丽的花朵，是我们一针一针地刺绣的；芳香的花朵，是我们一绺一绺地拴摇染成的。……这是祖先的心血，这是老辈的积累，我们要劳动才能穿，我们要勤快才能享受。"

叙事诗《六月六》中这样唱道："布依人啊，你请听：为什么——布依人穿青布衣裳镶大滚？布依人要带银圈和压领；布依女要穿青衣裙？男女都包上青布大包头，男女都戴上银圈和压领，女的穿上青布裙啊，件件都是大镶滚。大家来到青草坪，人人都拿龙猫竹，只等牛角响一声。"

布依族人民有自己的审美观，对待自己配偶的要求绝不像地主资产阶级那样只追求表面的外貌美，而更追求同心同德、热爱劳动的心灵美。比如，《怎么叫我不爱她》里这样唱道："情妹长得象朵花，一晚能纺三斤纱，两天能织九丈布，怎么叫我不爱她？"

《专选同心合意人》这样唱道："一林竹子选一根，万人丛中选一人，不选人材和美貌，专选同心合意人。"

以上这些布依族古歌都从各方面叙述了其服饰生产的各项过程，例如服饰原料的种植、采摘、制作、穿着等，突出布依族人民生产生活中对服饰的重视程度。尽管布依族人民的各种题材类型的古歌只体现着其服饰的原材料——棉花以及其他的生产过程，但可以看出类似古歌等民族艺术内容。

关于劳动生产歌曲也很多，例如，《起房造屋歌》中这样唱道："公公起新房，要用青瓦盖，青瓦真难做，辛勤劳动才得来。公公造新屋，日夜都操劳，从择吉日起，斧头别在腰。锄头随身带，天天起得早。……木匠说完话，右手往上招，众人一声吼，地动山也摇，排排房梁立起来，木匠又叫放鞭炮。舅家送来抛梁粑，木匠骑在梁上把粑抛。娃崽争着抢，好比鸭儿扑水真热闹。"

《造酒歌》中有景物描写："八月桂花香，满坝谷子黄。公公忙收割，心中喜洋洋，拿禾刀去折，用箩筐去装。"

此外，由于布依族摩经的一部分由不同时代的作品构成，其中没有较多的联系，缺乏严密的哲学体系，有些部分甚至相互矛盾。摩经中体现出的哲学思想主要以唯物主义的因素比较突出。例如《十二层天、十二层海》唱出了布依族先民对宇宙的认识，表现了一种朴素机械唯物论的思想。这一点在建筑发展的勾勒上尤为突出："人民住在树梢也安，住树丛也满足，走到树林黑就住树林，走到树丛就住树丛。"过了一段游移的树居生活后，"拿芦苇叶作柱子，用冬兰叶来盖。"这些内容就揭示了事物发展从简单到复杂，从低级到高级的过程。

在布依族摩经《赎谷魂》中，布依族人民认为洪水灾难发生是某种不可见的神灵"王"残忍无道而造成的。在当时低下的生活技术条件下，他们无法解释这些灾难是自然环境造成的，而简单地认为是某种神灵在作怪。因而他们会竭尽全力去供奉讨好神明，不敢有丝毫懈怠。一旦每年的供奉没有作用，自然灾害发生之后，他们就认为是"王"失信于人，但又不会因此加以冒犯神灵。这是一种朴素的唯物主义历史观，是布依族文化哲学思想的雏形。布依族古歌就生动再现了原始社会时期布依族先民主宰自己命运，与自然界积极抗争的事迹，对大自然奥秘进行探索，幻想征服自然，探索人类起源等问题。这种行为是在特定的自然环境、独特的历史条件以及复杂的族际关系中孕育出的精神文化。

布依族摩经中突出的艺术特点是具有浓郁的抒情性。例如摩经《忆恩歌》道出父母对子女们的种种恩情，让人们听到后无比动情，甚至感动流泪。还有《建家歌》中的抒情，其歌唱道："整个地方钉木箱，木箱用来把布装，只有我父母钉木箱，木箱用来把自己装。当父母还活着时，住两间三间也嫌窄，此时父母死变鬼，侧身进木箱，塞身进棺材，里面紧还是松亚，宽窄不知道，松紧也不晓。"这部作品抒发了一种悲痛难言的情感。这就表达了对死者深厚的怀念和牵挂，抒发了极高的悲剧艺术气息。

在布依族摩经《招魂经》中的想象有一种迷幻的艺术夸张的色彩。说"押"（巫）的灵魂进入冥界，欲召回刚死去的灵魂，于是有两个灵魂在那里展开了一场对话。"押"说自己奉死者家属的请求来请死者的灵魂回到阳世，因为他的离开让其亲属痛苦不堪。这时亡灵则说，他到冥界过得很愉快，不想回去了，请"押"转告亲属们让他们放心。这些想象都具有迷信的特点又具有审美性。

在这样一曲又一曲蜿蜒不绝的古歌腔调中，我既看到了音乐，也听到了一个又一个布依族服饰装扮起来美丽如画的生命，是的，这就是生命之歌，她属于伟大的布依族人民，也应该属于全世界。

第四节　愉悦获得：服饰的“多巴胺”

一、愉悦：服饰的美感需求

我们能够很直观地理解这一点，服装对于满足“人对美的需求”来说无比重要。这样的满足不仅仅是穿衣者自己，更能有效地满足观看的他者。服饰给了穿戴者自身一种造型美、气质美，是人的内在精神的外化，也可以说是内在美的向外延伸。这首先得证实这种服饰美与人的关系，它与穿衣者是一种不可分割的一体存在。当人穿上衣服之后，这一套服饰的形式美不能直接被穿衣者获得，确实需要借助镜子或他者观看才能再次获得原本的服饰美。但是笔者认为这并不能否认它与穿衣者的不可分割，这时候的服饰已经正式成为穿衣者——这个人的衍生肢体。此时，从他者那里反馈回来的愉悦感，是被“自我肢体——服饰”通过他者的眼进行视觉触摸之后，刺激他者产生了愉悦感，然后再反射回来，照进穿衣者的精神内心。于是，一场愉悦感刺激与获取的闭环得到完成。这场愉悦获得，浪漫美妙，当然也有可能是相反的精神体验，比如不忍直视的恶搞穿搭又或者其他，但是其美学本质和逻辑关系是一样的。

所以人尤其是女人对服饰的渴求近乎两性之间荷尔蒙刺激般的兴奋，或者换句话说，服饰美学就是两性关系不可或缺的中间环节。

高尔基曾说：“是谁开始为自己，后来为主人而把每日沉重的劳动变成为艺术呢？艺术的创始人是陶工、铁匠、金匠、男女织工、油漆匠、男女裁缝，一般地说，是手艺匠这些人的精巧作品使我们悦目，他们摆满了博物馆。”[1] 服饰具有高度的审美价值，同时也具有较高的艺术欣赏价值。德国学者尧斯认为，“期待视野”指的是由读者以往的欣赏经验、欣赏趣味以及个人素质构成的欣赏期待。接受者的期待视野也是服饰设计界需要考虑的哲学意义。服饰接受者的期待视野与服饰设计和服装市场的兴衰都有必然的联系。弗洛伊德认为原始的无意识的“心”是一切意识行为的基础和出发点，潜意识则是本能活动的源头，看似是一种无规划、无逻辑的要求。服饰接受者的心理需求一般体现在直接心理需求、潜在心理需求两个方面。前者主要体现在人们经过长时间对服饰的领型、款式和风格进行无数次或成功或失败的尝试之后从而总结出来的具有自己性格特征的服装风格。服饰市场的设计风格在近年来也呈现繁复多样的特色。从最初的西服在全国各行业的普及化到女性服饰市场主张各种国家化风格，例如，波西米亚风、宫廷风、JK 风等，都无一不体现出国际时装时尚风向标的巨大“蝴蝶效应”。国内时装设计大师们除了经常赶往像米兰国际时装周等世界设计高地看秀，获取设计创作灵感，同时也把国际时装周年度的服饰设计款式“进口”国内。

如果在市场上买不到符合自己心理需求的服装，他们则会略感失落甚至在接下来的时间里不遗余力花费大量精力去打听购买，或者自己跟着该类服装设计教程学习亲自制作服饰，这种现象在许多年轻的女性中非常常见，这主要是向娱乐圈的很多知名女星们学习“高级定制”（俗称“高定”）的服饰选择。为了满足自己内心对某类服饰的渴求，她们会像“着魔”一样疯狂寻求获得的途径。有学者认为，说明他们的期待视野与服装产品之间的审美距离很短，服饰需求体现在人们或直接或潜在的心理需求上。如果某种服装产品长时间与人们的审美经验中早已熟悉的审美视野相符，那么这个产品则激不起人民的任何愉悦的感受，这通常被们称为审美疲劳。

有学者认为，服装传达了人的形象，对于服装的潜意识期待，只是在

---

①〔俄〕高尔基. 论艺术［M］. 孟昌，译. 北京：人民文学出版社，1958：414.

接受者的心里有着朦胧的“完美形象”。有些人为了显示个性而穿着独特另类的服装，以获得身边亲朋好友的肯定和赞许；有些人由于有较强的经济基础，为了要在一定的圈子内显示个人的经济水平则要买名贵的服饰，彰显自己的社会地位，提升自己在公众心目中美好形象。这些对服饰的追求在一定程度上能够愉悦服装穿着者自身的心情。不论是轻薄透气、厚重保暖服饰带来的身体上的舒适，还是服饰的图案、款式、色彩、品牌价格所带来的精神愉悦，抑或是服饰体现的职业身份识别或者彰显社会阶层地位带来的归属感，人们对服饰寄予的精神生命追求极其丰富多样。归根结底来说，服饰能够给人们带来愉悦自我和他者的作用。

例如，现代社会总是流行着一种说法：“女人的衣柜里总是少了一件衣服。”这句经典名言不知道是起源于服饰销售界的广告语还是广大女性对全新的衣服的热切渴望而发出的自我感叹。这句话的深层次含义便是女人的衣柜里总是缺少那么一件衣服，是裙子，还是裤子，抑或是披肩还是上衣等等，但却不具体地指明是哪一件衣服。这就表明女人对衣服的精神渴望远远大于物质层面的渴望，因而通过对新买的服饰的占有并穿上身来展现自己曼妙的身体抑或是转换一种别样的心情。在现实中通过对新衣服的急切占有来填补内心的空虚感的例子比比皆是。掀开大多数女性的衣柜，你总会发现里面别有洞天：上衣有 T 恤、衬衫、露肩、坎肩等风格，裤子则有牛仔裤、喇叭裤、灯笼裤、九分裤等，裙子的种类就更多，有晚礼服、森女、JK 风等各类风格。就连前几年流行的不同颜色的打底裤（袜）就有十几条，其中主要以黑色为主。有人说，女人的衣柜就是古代皇帝的三千后宫妃子，专宠的也就那么几个，剩下的都是作为陪衬甚至是偶尔有那么一个时刻被皇帝记起而被“临幸”。这种说法也形象生动地展现出女性对于崭新服饰的追求和占有的欲望将会永无止境。因此甚至有些女人在临出门前总是“大放厥词”：“我已经没有衣服穿了，去年穿的衣服已经远远配不上我今年的独特气质和美貌，因此我今年要继续买买买，否则我就出不了门。”因此，有男人开始哭笑不得或者愤怒地发问：“这不是有满柜子的衣服吗？你们女人怎么如此矫情？”因此，可以肯定地说，广大男性并不了解女性朋友们对于服饰的精神追求，后者只是希望通过对崭新服饰的占有和穿着改变自己的外在形象并转换自己的心情，达到愉悦获得的目的罢了。

让我们将目光再次回到布依人民的身上，那一身简短精炼的衣裤，并没有像“走当代性感风的曲线美”那样直接地做出性感诱惑，它主要给人一种轻松美，不强调欲望。清淡自然的美感体验，同样使我们的视觉和精神获得无比美好的愉悦体验。青蓝方块，洁白无瑕的勾边线条，清澈的深色裤子，看到这一幕的人们，似乎听到了清脆的虫鸣鸟语，面容不自觉地挂上了微笑。

本章小结

人类特定的审美观念体现其精神生命的追求，荔波布依族的精神生命追求体现民族本身的宗教信仰、巫术意识、鬼神传说等方面，也彰显着其与众不同的服饰审美观念，因而在判定某一种民族服饰美或不美时不能简单随意地进行，而应该站在对该民族的宗教信仰等精神追求方面来分析，这恰恰也是现代旅游市场服饰被同质化、曲解化的审美乱象出现的根本原因。外族人对某一民族的服饰进行审美尽管只体现审美主体本身的生命追求，但是该种审美正确与否并无硬性的规律和要求。从审美的角度来说布依族服饰的心理满足与其他所有服饰的基本原理一样，以此产生的愉悦获得甚至可以说并不逊色于宗教信仰的心理需求，这是视觉美学在服饰功能上对生命施予的必需慰籍，是人类生命得以言说和实现的重要途径。荔波布依族服饰在宗教信仰当中主要以其具有专门象征含义的图案来得到体现，从视觉上连接了精神灵魂的归属——万物崇拜，实现生命与这些被崇拜对象之间的神秘关系。因此，通过对服饰的遮羞功能、年龄指示功能的分析可以突出荔波布依族服饰独特的精神生命追求，同时对布依族神话传说和古歌艺术的深入解读和分析更能展现布依族人民广阔和深远的精神世界，他们在自己构筑的精神家园中能够尽情获得精神愉悦，释放服饰带来的“多巴胺”效应，最终形成完全归属于本民族内部成员自我的乐园，在偏安一隅的西南地区形成静谧和内敛的民族性格名片，扮演着西南地区民族文化长廊中沉稳低调的民族大家庭中一员的重要角色。

第三章

社会生命视域中的荔波布依族服饰

第一节　身份认同：服饰的“社会名片”

一、归属乃社会生命强烈追求

人有社会愿望，他们具有人类独特的社会生命。这是由人是社会的存在物所决定的。普列汉诺夫曾经提问并回答：“为什么一定社会的人正好有这些而非其他的需要，为什么他正好喜欢这些而非其他事物，这取决于周围的条件。”

人的社会生命存在于社会的记忆中，存在于人类漫长的历史中，因此人的社会生命的根本愿望就是使自己的生命信息能存入人们的记忆中，进入人类历史。[①] 得到别人的拥戴和称颂，是单个人的社会愿望的第一个冲动。为了做出超凡的人类贡献，对社会造成广泛的影响，有人毕其一生地努力，或者碰巧地为人类做了贡献，这些行为将得到一枚不朽的人类奖章——历史的记忆。谁能通过不同的手段，在社会上产生强烈的让人类难以忘怀的影响，谁也就产生了巨大的社会生命。[②]

如果说，人从生物生命到精神生命，都还是个体的存在的话，人的社会生命作为否定之否定，既保留了前两重生命的特点，又有了新的特质。它既是个体的又是类的，是个体与类的生命的统一。

自从人类社会产生以来，各民族社会中的人们都已经被社会化。人成长于特定的社会文化环境中形成了适应社会人的文化的性格特征。民族社会的服饰具有两面性：一方面，服饰是为表现个人的个性文化特征的载

①封孝伦．生命之思［M］．北京：商务印书馆，2014：311.
②封孝伦．生命之思［M］．北京：商务印书馆，2014：312.

体；另一方面，服饰在社交生活中的认可非常重要。例如，崇尚蓝、黑色的壮族就是其在古代那种森严的等级制度下克制个人欲望的表现，是社会政治影响的结果。

封孝伦教授认为，人的社会生命主要来自“他人”的记忆，一个人所产生的影响有多广，其社会生命就有多强；影响有多远，其社会生命就有多广。[①] 迈克尔·阿尔盖曾做过这样的实验：在某个城市的同一个地方，一个人要打扮成不同形式的样子出现，以检验周边人对其的态度。当他西装革履地出现在人民面前时，很多人都会彬彬有礼地向其问路，当他衣履破旧时，人们则大多会跟他保持距离。从这个实验中我们可以得出：人们总是会通过陌生人穿着的服饰来决定对其的态度。因而穿衣打扮也已经不是个人的事情，而上升到社会的风尚以及交往的对象上，从而形成各个社会圈中固定的穿衣代码。

服饰是少数民族主客观两种条件因素的有效结合。服饰的形成、发展总是体现着当时的社会经济条件、社会风气、服饰材料、缝纫技术等客观条件；同时，服饰的款式、形式、色彩等方面又体现着服饰审美主体的审美心理和情绪状态的因素。

汉代的董仲舒在《春秋繁露·服制》中说道：“虽有贤才美体，无其爵，不敢服其服。”[②] 服饰的功能性在其产生之初最受重视。由于长期的文化积累所形成的伦理界限，服饰的社会性一直与当时的社会文化紧密结合，服饰除了成为人体的“遮蔽物”，赋予了人体意义，还可以是一种社会生活环境具有一定研究意义的符号，是社会风尚的象征。服饰最具社会性，它是社会意识在个体上的反映。我们可以通过一个人身上的服饰来大致判断一个人的身份地位以及精神涵养。服饰是本族群内部的角色身份象征物。[③]《大戴礼记》曾记载：“孔子曰，见人不可以不饰，不饰无貌，无

①封孝伦. 生命之思［M］. 北京：商务印书馆，2014：155.

②阎丽. 董子春秋繁露译注［M］. 哈尔滨：黑龙江人民出版社，2003：283.

③〔英〕乔安妮·恩特维斯特尔. 时髦的身体时尚、衣着和现代社会理论［M］. 郜元宝，译. 桂林：广西师范大学出版社，2005：4.

貌不敬，不敬无礼，无礼不立。”[①] 自古以来，很多少数民族的服饰都彰显了中华民族传统文化中的辟邪纳吉的含义，秉承“以善为美”的审美思想，其中包括那些对生命的延续上祈求多子多福、延年益寿的图案。

民族服饰与政治的关系十分密切。少数民族服饰的产生和发展必然会受到一定时期的政治因素的影响。当一个民族社会的政治环境发生变化时，它的服饰也相应地发生变化。吴泽霖先生认为“唯苗夷均属文化落后的民族，按照文化传播的定例，必须吸收汉人的文化，可以补自己的不足”。[②] 从清朝雍正四年（1726）布依族地区实行“改土归流”，汉族人口大量迁入，布依族服饰出现巨大改变，同时，清政府实行高压政策，要求布依族人民改穿汉装。据《独山州志·苗蛮》记载，清乾隆年间，独山一带的布依族，妇女渐改汉装。贵州省主席杨森曾经把民族服饰当作“笨重丑劣”的东西，因而要下最大决心，不让一个民族有不同的服装、文字、语言。[③]

在现实生活中我们也总能看到，在不同的场合人们会穿着不同的职业装，代表不同行业的工作类别：在公司上班的职员要着正装，甚至在重要的工作场合要戴上领带，穿着高跟鞋；在餐厅或者酒吧工作的人则要穿着专属岗位的服装；在事业编制内工作的人们尽管没有特别要求的着装，但在重要的会议场合中也要穿着得体，彰显自己对于会议的尊重程度；保洁公司的清洁工或者环卫工一般都要穿上印有某个公司名称的橙色的马甲在建筑物或者马路上工作。这些行为都预示着服饰能够彰显人们的身份认同，人们在这样的氛围感中能产生对于自己的社会生命追求的满足，也能够让他人通过自己的服饰着装大致准确地定位他的职业，产生对其社会身份的了解。

人的本质是生命，那么他在生活中追求什么，什么就是美的事物。服饰作为体现个人生命追求的重要载体，它可以从侧面展示人类的生命追求

①王聘珍撰. 大戴礼记解诂［M］. 北京：中华书局，1983：134.
②吴泽霖. 定番县乡土教材调查报告［M］. 贵阳：贵州省图书馆，1965：29，336.
③《布依族简史》编写组. 布依族简史［M］. 贵阳：贵州人民出版社，1984：101.

和价值观。人类作为服饰的使用者，其社会生命的强度可以通过各自服饰的视觉传达来体现。例如，有些人喜欢花费大量金钱来购买名牌服饰，即使将自己的生活弄得捉襟见肘、食不果腹，也要坚持这种消费观，这样的人就可以被认定为渴望受到别人关注，希望能得到别人认可和赞扬。因此，我们在现实生活中经常可以通过一个人平时的穿着风格和服饰的价格来判断他的性格特征和价值取向，服饰就是具有这种了解一个人的性格喜好的事物，尽管有一些人通过虚假的服饰穿着来掩盖个人性格特征，但大部分人的服饰喜好的确能够展现其性格特征格心理诉求。

另外，服饰时尚潮流看似深刻反映了每个社会人的生命追求，但这种追求是极其单一无趣的，他们最终都会为一个“金主”服务，那就是：资本。随着网络媒体不断涌入人们的生活，很多女性开始在蘑菇街、小红书等平台学习服饰穿搭技术，很多服装都是店家原先搭配完成的套装，为顾客节省下宝贵的服饰搭配时间，为人们节省了时间去从事其他事务，而又满足了想漂亮得体地出现在生活或者职场中的需求。除此之外，人们还会从一些都市影视剧的观看中获得一定的穿搭技巧，或者在媒体的大肆渲染下疯狂去抢购电视剧男女主在剧中的服饰、饰品或者包类，这无非是其背后的资本在操纵着一切，很多年轻人心甘情愿地被“割韭菜”，还美其名曰自己把握住了当季最炙热的潮流，走在了时尚的最前沿。这就好比很多时尚界大牌服饰、化妆品、包包等奢侈品在全球所刮起的一阵阵时尚风潮，尽管我们不可否认它们的产品质量算是上乘之作，但其高昂的价格绝不仅只是因为其产品质量有保障，更多是因为一小部分所谓精英人士群体内部自己通过协商而确定市场的潮流规则，然后让大部分人为他们制定的规则买单，按照他们所制定的价格规则来购买风靡全球的产品，他们赚得盆满钵满，顾客一时间满足了跻身奢侈品漫天的所谓的上流社会。这些无非是资本在背后进行的大盘操作。很多所谓高端时装周上发布的新型服装设计款式并不能真正地做到“亲民”设计，服饰款式浮夸另类，除了能在很小部分的圈子内部“消化”展示之外，很多都只能是一种概念化的服饰，广大民众既买不起，也穿不起，因为将之穿着在身上不但备受身边人的刮目相看，还可能引发老板上司、亲戚朋友的质疑。所以服饰的“时尚感”有待人们去体会挖掘其背后的真正内涵。

因此，不管是想成为民族英雄，获得社会威望，还是想加深社会对个人的“记忆”，人们都可以通过服饰来展现其顽强的社会生命力。因此，对于其所处的社会环境以及相关的社会生命追求的表征是深入了解某一个民族服饰特征的必要前提。

近年来，荔波县一直将“少数民族文化进校园”的理念贯穿中小学校园环境建设中，将民族文化各分支领域中独具特色的文化嵌入校园文化建设中，使学生们能够在长期的耳濡目染中感受本民族文化的独特魅力，在无形之中保留并传承了优秀的民族文化内容。例如，荔波县翁昂小学校园内展示着布依风情的各类板块，其中布依族服饰板块中充分展现了布依族服饰的重要地位，指出荔波布依族土花布（布依族服饰制作原料）最大的特点是吸水性强、冬暖夏凉，所以家家男女老少身上穿的衣裳、脚下的床上的垫盖（被子）、上学的书包、姑娘们的花袋等，无一不是土花布制成。同时人们走亲访友送礼的馈赠，也多半是土花布，特别是新屋落成或娶亲做桥时，从房梁垂挂到地面的土花布全是亲朋好友的珍贵贺礼。荔波土花布首次在春季广交汇上展销，立刻受到外商的欢迎，并与日本、法国、新加坡等国外商签订了五批合同，如今其已走出大山，奔向世界。这就说明布依族服饰不仅充分彰显了布依族人民在社会群体成员中渴求被认同的生命追求，同时还能够不断在社会成员的记忆中烙印下深刻的社会记忆。因此，在当地一提到土花布制成的民族服饰，人们便会第一时间将其与布依族联系在一起，这是民族身份的重要象征，也是高度的民族认同的最直接和有力的身份证明。

图 3—1　荔波县瓮昂小学校园内服饰展板

图 3—2　校园内“矮人舞”雕塑

图 3—3　校园布依族特色文化墙

二、国家意识中的民族身份

本尼迪克特·安德森认为民族是一个想象的政治共同体，这是因为，第一，即使是最小的民族，大部分成员之间也从未认识从未谋面甚至从未听说过；第二，即使是最大的民族也被想象成是天然有限的，没有一个民族设想自己囊括全球人类；第三，被想象为最高权力来衡量和保证民族自由之梦的是权力至高无上的国家；第四，民族被想象为共同体，尽管他们之间存在着不平等和剥削，民族总是被设想为存在着一种深广的同志情谊，就是这种想象的兄弟情谊使得人们甘愿在拯救民族危亡的时刻赴汤蹈火，牺牲自己的性命也在所不惜。

我们的“民族认同”分为两种情况，一种强调的是中华民族认同，另外一个是56个民族的族别认同。在费孝通看来民族本身包含有三个层次的含义，即作为整体的中华民族、组成中华民族整体的各个具体民族、中华民族的具体民族内部的人。中国的主体划分在一定的社会政策相匹配中表现出非常明显的特点，其中它的汇集对象尽管不包含汉族，但是也体现出了我们国家对于内部的少数民族政策的一个倾斜。民族认同和族群认同是有差别的，就像巴特所指出的族群认同是可以流动的，但民族认同是固定的，它彰显出每个民族的事实身份。历史上以中华民族为认同的各民族联合行动对抗殖民主义侵略或者是反抗侵略等类似的战争的案例比比皆是，例如在西南地区沿线各族群众为了要反抗压迫，而纷纷投入修筑著名的滇缅公路的案例。

我国1956年开始的民族识别工作为饱受民族歧视和民族压迫的布依族人民提供了少数民族政策，保障少数民族利益的基础。历史上有很多少数民族倍受民族歧视和压迫的煎熬。在这样艰难的时代背景下，荔波布依族人民十分渴望摆脱这种被欺压的命运，于是在历史上出现了很多民族起义，这些苦难都使布依族人民产生了摆脱压迫的生命追求，改善目前的生活条件。

因此民族识别工作迫在眉睫。首先，根据斯大林关于“民族”的定义对符合以下条件的族群划归为统一民族：民族是人们在历史上逐渐形成的具有共同语言、共同地域、共同经济生活，以及表现在共同民族文化特征上的共同心理素质的稳定共同体。因此布依族人民就在第一阶段（1956—1962）就被划归为55个民族之一；其次，民族识别工作的顺利开展使聚居在贵州的布依族生活区被划分为三个土语区，各土语区的服饰各异，就连同一土语区的布依族人民的服装也不一样，荔波地区的布依族属于第一土语区，因此其与黔南州惠水县、安顺市镇宁县的服饰形制完全不一样；最后，荔波布依族通过穿着特定的服饰来彰显自己的民族身份，在很多社交场合会通过穿着本民族服饰，既表达了自己的身份追求，又能区分于别的民族。

服饰是本族群与他族群的认同区分体系。[①] 布依族先民——百越人曾在5000年前入主中原并参与了中华民族历史上第一、第二国家的建立历史。这在古夜郎国、古滇国历史中能找到证据。布依族历史与文化曾被定位在3000多年前的夏、商时期，这一事实是从本民族新发现的古文字文献的发掘、整理与研究而得出的。

据文献记载，布依族的旧称是为“仲家”“布越”，这主要始于元朝，兴盛于明清。1953年，在党的民族政策指导下，本民族内部协商同意和国务院正式批准改称为“布依族”。作为建立牂柯国的主体民族，贵州的布依族是旧石器时代水城人、猫猫洞人、穿洞人和飞虎山新石器时代古人类的后裔，经过夜郎时代与濮人、越人融合而突出地继承越人和濮人的文化特征，开始形成单一的民族——濮越（布依）人。

布依族源于“骆越”。“骆越”之“骆”因“骆田”而得名。北魏郦道元《水经注·叶榆河》引《交州外域记》：“交趾未立群县趾时，土地有雒田，其田从潮水上下，民垦食其田，因名为雒民（雒与骆音同义通）。”《史记·索引》引《广州记》也有“交趾有骆田，仰潮上下，人食其田，

①王明珂. 羌族妇女服饰：一个“民族化”过程的例子［J］. 中央研究院历史语言研究所集刊，1998（4）.

名曰‘骆候’，诸县各自为骆将”。杨凌在其《“骆越”释名新议》中提出“雒田又何以得名”。在壮、布依、傣、水等骆越后裔诸民族的语言里，称山间所形成的谷地为“骆”（雒），说明“骆”系古代骆越族语言，其义为“低洼处”。布依、壮等民族称山麓岭间低洼处的田为“那骆”，称山腰梯田为“那房”，“骆田”或“雒田”的骆或雒应为汉自标音的骆越民族语言，而“骆田”则为骆越民族语与汉语相结合的名词，诸如现今的“布依族”“水族”等。古代“垦食骆田的越人”自称或他称为“骆越”一样，在未统一名称之前，布依族的许多自称或他称均源于其丰富而又内涵的稻作文化。布依族曾自称为“布纳”（“纳”义即田），其义为“居住在田坝、耕种水田、种植水稻之民”。同“骆越”一样，以“田”取名就是深刻的稻作文化内涵的体现。

布依族曾有“农家”“侬人”等因事农耕而得名的他称。《宋史·蛮夷传》引民谚云：“农家种，入米家收。”田启《滇志》卷三《广南府志》记载：“侬人、沙人……男女勤耕织。”据《桂海虞衡志》《穆宗隆庆实录》《云南通志》《贵州通志》等史书记载：“侬人”“农家”主要分布在滇南、黔西南、桂北等地，这都是今天布依族聚居以及水稻栽培的重点区域和中心地带。同时，“仲苗”“仲家”都是布依族的他称。“仲家”之称始见于文献之中：《元史·地理》有“栖求托处仲家蛮”之记载。《贵州通志》卷三说：“仲家，贵（州）惟此类最多。”《弥勒州志》指出：“仲家亦作种家。”“仲”善耕者以清代为盛，因为《黔南识略》赞道：“仲家，善治田”，康熙《广西府志》卷十一《诸夷考》也说到，“仲家，一作种家，即沙人。善治田。”《黔南识略》中“仲家善耕，专种水稻，兼种果木”的记载，这是仲家的稻作文化特质。

据明清时期的一些方志以及布依族的家谱等记载，黔南莫、黄、岑、王等姓氏的布依族的祖先在宋仁宗时期随着狄青从山东到广西攻打侬智高，后留守广西至清代。而后经广西划入贵州后成为布依族，这是明洪武间（1368—1398）布依族由广西、湖广“调北填南”的结果，但这存在着异议。布依族是外来民族的说法在后来被认定为存在片面性。因为在长期的历史发展中，“仲家”吸收了大量的外来民族文化成分，在秦汉之前称为“越”，东汉六朝称“僚”，唐宋元称“番蛮”，明清至解放前称“仲家”，解放后改成布依族。① 其主体民族主要是秦汉以前分布在今红水河两岸“骆越人”。值得一提的是，由于明清两朝时期实行了严格的民族压迫和民族歧视政策，有些少数民族为了生存和繁衍下去也只能忍痛隐瞒自己的民族身份，进而造成了家谱或者碑文中说祖先是外来人的说法，这也在一定程度上使布依族的人口统计出现一些误差。

尽管如此，布依族文学史中却有许多关于布依族人民对黑暗社会的揭露以及对仗势欺压人民的各种恶霸地主的控诉，彰显民族内部齐心协力、平等团结地对抗阶级不平等的行为。

清嘉庆年间，地主阶级与清朝流官、土官联合起来对广大农民群众进行残酷剥削，其腐败残暴的统治使人民陷入水深火热之中。清王朝对少数民族的迫害则更残酷，大肆残杀及高利盘剥使得人民不得不反抗。于是“南笼起义”“王岗起义”等著名的“官逼民反”的农民起义不断涌现，生动反映了布依族人民不堪忍受地主阶级、土官等剥削阶级强加的压力，决心在太平天国影响下为了生存而起来反抗。

清嘉庆年间至太平天国革命时期，布依族的起义斗争曾谱写过辉煌的历史篇章。太平天国领袖洪秀全曾在其起义告示中这样写到：“天下贪官，甚于强盗，衙门酷吏，无异虎狼，富者纵恶不究，贫者有冤莫伸。民之财尽矣，民之苦极矣。”这就体现出人民群众起来造反的最深层原因——生活极苦，无处申诉。例如《王仙姑的传说》《王岗的传说》《杨元保的故事》《罗发先》《十二楼台山》《红旗和白旗的故事》《揭露帝国主义的宗教外衣》等故事内容既描述了农民起义斗争矛头对准看封建统治阶级的对抗，又反映出后期的反帝的内容。这些故事赞扬了布依儿女坚强不屈、敢于反抗压迫者的决心与意志。

例如，《罗发先》的故事就描述了在腐败无能的清王朝统治时期，帝

①贵州省社会科学院文学研究所编．布依族文学史［M］．贵阳：贵州人民出版社，1983：5.

国主义国家踏入中国的领土，法国的传教士来到布依族家乡，他们勾结当地的封建势力，大肆兴办教堂，毁坏践踏布依族人民的民俗，敲诈勒索民财，残害当地人民，此时民不聊生，痛苦连天。布依族后生罗发先发动布依、苗、汉等民族的劳苦人民建立起千余人的起义大军，攻打了帝国主义在平伐（今云雾区）修建的教堂、经院，挫败了地方武装势力，最终赶走了传教士。这次起义虽没有取得最终胜利，但却长了人民的志气，显示出布依人民不屈不挠的精神。罗发先的斗争口号是："上等之人欠我钱，中等之人莫管闲，下等之人跟我走，吃酒吃肉当过年。"

《十二楼台山》叙述了太平天国翼王石达开手下一名余姓将领在四川大渡河战败后奋力杀开一条血路到贵州的故事。这支队伍一路获得民众拥护支持，所到之处均有人民群众如此歌唱："天平天国救星到，百姓跟着去造反"，表现人民群众踊跃参加太平军的高度热情。据记载，余将领曾从安顺经广顺来攻打番州（今惠水县），并最终运用智谋攻下番州城，同时这支部队接连击败了省城贵阳派出的清兵，并于"十二楼台山"杀得清兵"尸横遍野，血染涟江"，清朝当时臭名昭著的刽子手的"赵三阎王"（赵提台）也被太平军砍死，除去人民的心头大恨。

关于南笼布依族农民大起义，据史书记载：布依族农民"久被地方土目、亭长压制，侵其田土，役其子女，受辱难堪"[1]。当地人民曾深受这些剥削阶级的压迫。除此之外，放高利贷者"凡遇青黄不接之时，则以己所有者贷之，如借谷一石，议限秋收归还则二石、三石不等，名曰'断头谷'。借钱借米亦皆准此折算。甚有一酒一肉积至多变抵田产数十百金者。日久恨深，则引起群盗，仇之，而乱机遂因而起。"[2]

清嘉庆二年（1797），贵州省南笼府北乡的布依族爆发了一次其历史上规模最大的农民起义。它的导火索起源于乾隆末年湘西、黔东北苗民大起义之后，南笼府奉朝廷之命而征调布依族农民入伍并将他们驱使至湘西、黔东北等地镇压苗民起义，这就引起了同样作为少数民族之一的布依

①《平苗纪略》，清同治武昌刻本。
②《平苗纪略》，清同治武昌刻本。

族农民极大的不满和愤怒。于是，布依族农民领袖韦朝元、王阿崇便鼓动布依族人民起来反抗。

韦朝元出生于乾隆三十三年（1768），又名韦德明，号七绺须，自称天王玉帝仙宫，南笼府北乡当丈寨布依族。他素来习拳术，懂巫医，由于长期给人治病而不索取酬劳，因而被群众亲切地称为“韦大先生”。

王阿崇，生于乾隆四十二年（1777），号囊仙，其出身贫苦，父亲早死，其母韦氏随后改嫁。由于自幼目睹地主、官吏等对农民进行欺压、勒索，自身也深受其害，打小就与农民建立下深厚的情感基础。他长大后更是以行医、拜巫为职业，广大民众被其高明的医术折服，因而自然而然地加入到其发动起义的队伍中。这些农民起义也在一定程度上彰显了布依族人民寻求身份认同的渴望，通过这些起义而追求本民族的社会生命，成为时代的民族英雄，增强民族的影响力。

明清时期进行“改土归流”之后，布依族地区的社会矛盾和阶级斗争表现得更加尖锐和复杂。劳动人民的悲惨命运、痛苦生活和社会矛盾不断地呈现。地主阶级残暴凶狠的欺凌使布依族人民逐渐团结起来，不再忍气吞声，逆来顺受。此时歌颂劳动人民斗争精神的民间故事不断出现，例如，《姑娘田》《金妹》等都是以贫苦妇女的不幸遭遇为题材的民间故事。它们均反映了地主的的阴险狠毒和蛮横无赖，同时又反映出劳动人民不屈不挠的坚强性格。

一位民族服饰专家认为，布依族服饰乍一看会觉得比较简约，也没有过多的配饰，但如果走近了观察就会发现，布依族服饰的图案却在细微处有明显的差别，尽管都是格子纹的图案，但却有千差万别，这主要在纺织前通过不同颜色的棉线的搭配来完成，所以这就为体现布依族服饰的丰富多样提供了条件，而不用通过很多配饰来完成服饰的变化美。有些人认为，少数民族服饰例如苗族服饰的琳琅满目的银饰配饰体现该民族经济水平一定很高，人民生活水平很富裕，所以才会将这么多银光闪闪的银饰佩戴在身上，荔波布依族服饰的配饰如此之少可能是因为该民族的生活水平比较低，没有过多的银饰来装饰自己的服饰，因而才会只制作这种没有过多配饰装扮的服饰，但我却不这么认为。首先，由于布依族人民在历史上没有经历过较大规模的民族迁徙和民族斗争，民族历史上也没有经历较大范围的压迫和反抗，所以在服饰制作上不用像苗族一样体现出民族坎坷的迁徙历史和反抗斗争，民族诉求并没有那么强烈，服饰的制作上就缺少了渴望书写民族历史的诉求；其次，布依族人民的生产方式主要以稻作为主，是名副其实的稻作民族，烦琐劳累的农耕活动不允许布依族人民时常将过多服饰配饰佩戴在身上，否则会影响农耕的进度和效率，因此简约大方的服饰款式最适合布依族人民。

第二节 内部平等：众人向往的美好愿景

一、服饰何以需要“去阶级化”

要讨论服饰的“去阶级化”，就要先讨论服饰的政治功能。

贾谊宣称：“贵贱有级，服位有等。天下见其服而知贵贱，望其章而知其势。”①

国家社会中的服饰文化，尤其在一个阶级不平等的国家和时代，除了具有良善的、美的本质功能，还有一个直接属于政治性的功能：那就是标记了人的身份低位、人权等级。虽然服饰不是直接的刀枪棍棒，也不是权力本身，但是它参与了（并且一直在参与）人与人之间那些属于罪恶的关系，压迫、剥削、屠杀、嫉妒、凌辱，等等。服饰形制的差异，在其中一直充当着区分高低贵贱的标尺。以传统汉服为例，整个社会服饰形制都严格遵循着王权统治者制定的规格，如果有人胆敢僭越，哪怕是“无心犯错”，也都会引来杀身之祸，甚至诛灭九族。漫长的专制王权社会下，国民普遍养成了一种自我“奴化”身份的深度认同心理，这一文化流毒对中华民族的戕害可谓深远难解。在这个过程当中，服饰作为视觉传达的符号载体，每天穿在人们身上，犹如枷锁横刀、精神烙铁。但是人们已经习惯了日复一日的视觉软暴力。服饰表面上是人类生命的美学管家，实质上却成了罪恶权势的紧箍咒，人格心灵的阉割刀。好在今天“属于服饰的不良政治性”在主体范围内已经基本上成为过去。

①贾谊. 新书·服疑［M］. 北京：中华书局. 2000：53.

除了国家机器意义上的“服饰政治”，不平等的服饰政治关系也体现在性别关系里面，而且这在当代某些国家、民族依然是很严重的问题。

然而同样值得我们重点研究的是，从消费等级的角度观看服饰，今天的服饰依然具有它的“不好的等级指示功用”，只不过已经从传统的政治领域转移到了经济领域，或者说还非常强势顽固地留守在经济领域内。它依旧占领着经济领域的等级划分特权。可以换一种方法阐释，那就是，服饰在当代已经从政治功能转向了经济阶级指示性。而如何面对或者最终解决这一问题依然是人类文明的奋斗目标。

现在我们还是让注意力拉回到民族服饰。

民族服饰从来都是处在一个相对静止与绝对变化的状态中。当一个民族的文化与其所在的文化生态环境相适应时，研究该民族的文化生态的根本宗旨就是要将其与生态环境结合起来分析，从生态环境的角度来追寻该文化发生的根源。古往今来，民族服饰的生存发展状况都与历代统治者的思想意识和所执行的政策有重要联系。例如，国民党政府对风俗文化的态度直接影响了黑衣壮服饰的发展。1934 年 2 月 19 日蒋介石在南昌行营发表“新生活运动之要义”的讲话，宣告国民政府主张的新生活运动在全国范围内全面展开，民国政府在新生活运动的主张中有关国民所穿衣物的规定，对国民尤其是女性进行了强制的约束。例如，贵州苗族服饰在西方文明和现代化的中原文化两种潜在的强大影响因素下在内容、结构、模式等方面发生了一定的文化变迁。民国以前，苗族男女都头挽“椎髻”。在辛亥革命之后，青年男子们开始普遍地包起头巾，女装则分化为两种服饰形制，一是继承古老传统，挽发髻，上着满绣花的大领、左右衽的传统上衣，下穿百褶裙；一是近代样式的白头巾，下穿朴素的长裤。苗族服饰的样式和形制的这种趋于简单化的变化主要是为了适应当时战争频繁、动荡不安的政治社会的需要，反映了民族内部的政治局面变革对于民族服饰的重要影响。

母系氏族社会是母系本位的血缘群体，氏族成员自出生起就只同母亲发生直接的关联。“世系必然是以女系追溯，因为子女的父亲在当时是不能准确确定的。”[1] 母系氏族社会是旧石器时代中晚期，直至新石器时代早、中期的漫长时间。最迟在母系氏族社会向父系氏族社会过渡时期，布依族就已经出现了用犁和耙等农具来耕田的情况。恩格斯说：“母权制被推翻，乃是女性具有世界历史意义的失败。”[2] 由于当时的妇女收入高于男子，因而社会地位比较高。妇女为主的母系氏族社会开始形成。布依族的女始祖“雅王”承担着为氏族成员分配食物的神圣职责，虽然其并无特权，与其他氏族成员一样参加劳动，但其享有崇高的地位，这是母系氏族社会时期妇女较高社会地位的体现，因而萌生出布依族对“母神”的崇拜，近现代黔中等布依族聚居区流行的“舅权”制度就是母系氏族社会的历史遗迹。

布依族著名的古歌《安王与祖王》的内容就是围绕安王和祖王争夺继承权进而体现布依族原始社会由母系氏族过度到父系氏族的社会形态，是母权制向父权制过度的社会历程。例如安王的母亲鱼女在儿子不听自己劝说的情况下仍然坚持要吃鱼后极度愤怒和失望，最后纵身一跃跳进河中，不惜抛弃丈夫儿子，愤然离去，回归自己的“娘家”——自己的氏族中。这是母系氏族社会倡导“舅家为大”的思想体现。从父系血统来看，安王则不属于母亲的氏族，因而吃鱼并不是一种禁忌。安王吃鱼会产生的后果和矛盾冲突正反映了父权制取代母权制的斗争。此外，安王和同父异母的弟弟祖王之间矛盾的产生也是布依族社会从原始社会逐渐进入阶级社会的历史演变。如安王的后母、祖王的母亲教唆祖王：“杀了大哥要地方啊！杀了安王好掌印。”作为盘古王的长子，他是氏族首领的继承人，长子继承权已经确立。

为了争夺继承权，祖王与哥哥的矛盾愈演愈烈，最后演化为战争。在祖王战败后，安王要求祖王交还权力，还提出了和解条件，“要解粮食来给大哥”，“牵圈里的大马来解，来拿大花狗来解”，而且“要拿一百二十

[1]〔美〕路易斯·摩尔根. 古代社会［M］. 刘峰，译. 北京：中国社会出版社，1999：494.

[2]〔德〕恩格斯. 家庭、私有制和过国家的起源［M］. 中共中央马克思恩格斯列宁斯大林著作编译局，译. 北京：人民出版社，1972：54.

个婴儿做租，要拿一百个老公来抬”，这些关于粮食、奴隶、牲畜的内容都带有明显的掠夺性质的和解条件，是阶级社会所特有的情形。它加速了贫富差距，促进了布依族社会私有制和阶级的形成，它反映了布依族社会历史进入阶级社会的历史进程。

鲁迅在《洋服的没落》里面就提到，近代人越来越不知道穿什么了。在这个品牌横飞、服饰自由的年代，不受服饰伦理束缚未必是一件好事，它最终会挑战或者冲破大众经过长期实践而形成的穿衣伦理道德圈。人们总说，女人的衣柜里总是缺少一件衣服，这就体现了服饰的多变性对于当代人来说多么重要，特别是女性，她们的心理追求就是服饰的多变性能够体现其生命追求，与其心情或心境能够不谋而合。除了一些在职场上需要规定一定的服饰要求（例如，医生在医院诊疗病人时要穿上白色的印有某某医院名称的白大褂，护士要戴上护士帽，空姐在工作时要穿上制服，或者在一些特定的行业商业领域，属于该领域的工作人员必须穿上印制本公司名称的工作服）之外，人们能够平等自由地穿上自己喜欢的服装。服饰所体现出的平等与否的观念似乎最终体现在服饰的品牌和价格上，但却没有了像封建王朝时期因服饰色彩、材质而设置的等级差别（例如，在清朝时期，紫色或黄色是皇家贵族们使用的颜色，平常老百姓不能私自制作此类颜色的服饰，只能以灰色等暗淡颜色为服饰色彩选择。在一些清朝宫廷剧里总有这样的桥段：贵妃或者一般妃嫔如果不懂得宫廷仪礼，私自制作皇后级制的服装并暗自收藏以备没人看到时自己穿上欣赏，如若被发现，则会被依照宫廷礼法直接被拉去砍头，因为她的行为僭越了自身身份级别而妄想跨越等级差别）。时至今日，服饰不再受中国传统服饰伦理的束缚而逐渐被贴上个性化、张扬、奢侈的标签，人们可以随心所欲地穿上自己喜爱的衣服款式、色彩或者形制。

二、平等是珍贵的社会关系

原始社会时期，由于长期以来的农耕经济没有受到影响，布依族人民内部并无上下、贵贱之分，人人处于同等地位，共同劳动，因此其服饰只有男女老少之分，却没有等级贵贱之分。

荔波布依族的社会生命追求在其服饰上体现得非常明显。布依族服饰有四种类型：1. 仍穿古老的短衣长裙；2. 改穿与当地汉族一样的汉装；3. 改穿保持一定民族特色和各具地方特色的服装；4. 改百褶裙为渐变的青蓝衣裙。有学者认为，布依族服饰的变迁与布依人通婚的情况有关。例如，布依族一般与周边的少数民族进行通婚，在长期的共同生活中，荔波布依族人民的服饰选择观念也不断受到影响。荔波布依族男装相对女装来说比较单一，成年男装、未成年男装、已婚男子的服装及老年男装在造型上区别不大，区别主要体现在服饰色彩上。而布依族女子的服装款式比较讲究，种类繁复，不同的场合所穿的服饰也不一样。布依族女性服饰在传统款式的基础上需要突出强化民族特色，体现时代特征，进行传统与现代交汇的艺术再创造才能闪耀出光芒。荔波布依族纺织技术可谓历史悠久，技术精湛。其纺织品的图案色彩鲜艳，造型精美，加上特殊的材质肌理所呈现出的“浅浮雕”式的手感使其在民间纺织技艺中堪称一绝。

首先，在款式上，布依族服饰在形式上特别注重左右对称，上下统一，在装饰上则比例和谐、丰富、饱满、繁而不乱，整体的感觉是古朴和美，富于乡村田野的气息。①

例如，包头帕对于布依族男女而言非常重要。在平时的稻作劳动中，包头帕可以保持头发的卫生清洁，在冬天时可以对头部进行保暖。从包头帕的形状和包法来看并不能看出布依族人民内部的等级地位的悬殊，只能看出年龄的差别，这是布依族长久以来平等团结的标志之一。

其次，在色彩上，荔波布依族服饰也彰显出民族内部平等。色彩是构建服饰符号的基本元素，是视觉的第一要素，通过带有特殊寓意并具有符号特性的色彩，成为一种最具传播和认知的视觉语言。苏珊·朗格在《哲学新解》中指出：“色彩在表达一种有意味的形式的时候，运用着全球通

①黄守斌. 中和素朴：布依族在生活中演绎的审美意识［J］. 兴义民族师范学院学报，2011（4）.

用的形式，表现着情感经历。”

此外，在图案上，布依族服饰中也没有彰显民族内部成员地位平等的特殊图形。作为我国最早耕种水稻的民族的古越人的后裔，布依族的服饰的产生与农耕社会有着密切的联系。布依族人民在新石器时代就进入了农耕社会，充分发达的种植业为棉布的产生提供了条件。从事农耕的过程极其复杂，技术多样。布依族服饰中的挑花、刺绣、蜡染等手工艺的制作需要极高的工艺制作水平，这就有赖于农耕经济的发展。一般来说，农耕民族复杂多样的服饰特点取决于其高度发达的生产技术。格罗塞认为，农耕民族在文化上比狩猎民族高的原因就在于狩猎民族没有农耕技术，工艺技术也不够完善，而农耕民族能够掌握复杂的生产技术，服饰的制作技术也比较强。格罗塞指出：“在原始民族间，没有区分地位和阶级的服装，因为他们根本就没有地位阶级之别。”①。

在服饰配饰上，布依族服饰也追求简约大方，服饰以各种纹路的方格土布为主，不同纹路的土布就是不同的服饰装饰，展现着服饰的多变性，在袖口和裤脚再添以刺绣，表面上看似单一，却深藏韵味，一个人可以拥有好几套不同纹路的方格土布服装，这与现代人追求服饰的多变性，渴求服饰与心理上的和谐相处的理念不谋而合。

总之，布依族服饰虽然在制作工艺上比较发达，并且由于区域的不同而使不同地域的服饰类型丰富多样化，只有区域之异、老少之别，却没有等级之分。这无不归结于高度发达的农耕经济。布依族在战国时代才进入阶级社会，这说明他们经历了十分漫长的原始社会时期。那时的布依族人民共同劳动，种植稻谷，没有明显的社会分工，无上下之分，贵贱之别，人人处于同等地位，共同参与劳动。即使布依族人民后来进入了阶级社会，但由于民族传统思想的影响，服饰上也基本没有地位之别，也没有像彝族的服饰那样有可以区别等级的标准。

从一些汉文史籍、考古学及有关民族学资料看，反映出布依族在上古

---

①〔德〕格罗塞. 艺术的起源［M］. 蔡慕晖，译. 北京：商务印书馆，1984：81.

历史时期奴隶社会的史影，然而尚不能肯定其为奴隶制社会性质。目前我国各类史料上并无明确记载布依族先民在历史上曾经有过民族内部之间的斗争，即使有一些细微摩擦，但都还不足以有能够产生极大的影响力而被载入史册。因此，布依族人民之间并无明显的等级之分，各成员之间几乎都以抵抗封建阶级压迫以及各类外来侵略为主要民族斗争。春秋战国时期到秦汉时期，布依族先民在牂牁、夜郎、且兰、句町等国家进入奴隶社会。西汉初年，在布依族地区风行掳掠人口的习俗，“且兰君恐远行，旁过掳其老弱。”① 在牂牁河附近经常发生劫掠财物和人口的现象。布依族地区买卖奴隶的状况也频繁出现：“僚者（包括布依族先民）盖南蛮之别种……亲戚比邻，只授相卖，被卖者号哭不服，逃窜避之，乃将买人指捕，逐若亡叛，若便缚之，但经被缚者，即服为贱隶，不敢称良矣。”② 因而今日的布依族丧葬仪式中仍有生者为亡者烧纸人纸马的习俗，这是由早期奴隶主用奴隶殉葬的习俗演变而来。布依族古歌中的安王和祖王两个氏族就是为了掠夺奴隶和财物而发生战争，曾出现以“一百二十个老公抬财物，又拿出二十个婴儿做租。”③

例如，布摩没有等级之分，不同的师承成为不同宗派的基础。布依族对使用摩经的民俗活动，称为“打老摩”，并尊称从事摩文化职业的男性传承人为“摩公”，女性传承人则叫“丫牙”。摩公、丫牙口述的经书有数十种，民间里保留着很多用手抄写的“摩经”，它把布依族先民创造的自然宗教文化成果记载下来，在一代代的传承中不断丰富完善，成为布依族心灵中的原始信仰。

《荀子・富国篇》：“礼者，贵贱有等，长幼有差，贫富轻重皆有称者也。”④ 即使是在农奴时代，布依族群体内部的关系也没有明显的阶级之分。据史书载，分布在北盘江流域的布依族先民在战国时期到西汉末年间

①（清）《贵州通志・地理志・沿革》.

②《北史・蛮僚列传》，第八十三.

③贵州省社会科学院文学研究所. 布依族文学史［M］. 贵阳：贵州人民出版社，1983：5.

④王天海. 荀子［M］. 上海：上海古籍出版社，2005：427.

是夜郎国的居民之一。夜郎国的中心地区有“邑聚”，商业北通巴蜀，南达南越、交趾等地区，同时其民也耕田，满足日常的基本生活需要。而夜郎国的边远地区，仍处于刀耕火种或以射猎为主，但还未实现牛耕状态。由于地广人稀以及生产技术落后，汉王朝统治之后的的布依族地区的郡县无费用所出，因而中原地区的一些地主、富商纷纷招募布依族农民进入西南夷地区屯垦，让他们通过将收获的粮食交到郡县处从而从汉王朝的内府中得到报酬的方法来维持生计。当时布依族先民中的大姓——谢氏一直是势力强大的统治者。广大的劳动群众一方面自耕自种一小块“份地”，以维持家庭最低限度的生活需要，同时要为大姓的主人家耕田犁地，或为其看家护院、放牧牛羊，与大姓主人保持一定人身依附关系的“僮仆”，即相当于俗称的农奴。领主、土官们将领地分为“私田”和“公田”两类，前者作为领主的“自营地”，后者作为“份地”分给农民耕种。除了要帮助领主们无偿耕种“自营地”，农民们还要用自己的农具耕种“份地”，用以养活自己及家庭成员。值得一提的是，“公田”虽然作为“份地”分给农民耕种，但却不能典卖。同时，农民们花费更多时间去耕种领主的“自营地”所产出的农产品全部归领主所有，这就相当于偿还农民们在耕种“份地”后所得到的养育自己和家庭成员的农产品。

此外耕种“份地”的农奴还要担负官员的俸禄田（古称“印田”“阴免田”）的耕种任务，为土官们耕种、收割并缴纳粮赋的劳动也均为无偿劳动。当时，还有一种由外地他乡来投靠当地土官的农民，经土官指定范围开发而成的土地，称为“私庄”田地。耕种这种田地的农民虽然不用缴纳赋税，但要直接向土官服劳役，或向土官缴纳名目繁多的“礼品”以作报答。事实上这些农民也变相地成为为土官耕种的农奴。在领主经济制度下，社会分为土官（领主）和土民（农奴）两个阶级。在土民这个阶级中，家奴是最低层和受剥削压迫者，或称为奴隶和半奴隶。他们毫无人身自由，这就使他们的劳动积极性极大降低，社会生产力和劳动效率都极其低下。土官之中，又分为亭目，土长官、土知县、土县函、土知州、土知府、土宣慰使等，形成宝塔式的阶梯。以上提到的土民便隶属于土官，耕种“份地”

的土民被称为“粮庄百姓”，他们是土官统治下人数最多的劳动阶层。

甲金故事作为反抗剥削统治阶级代表人物的文学题材，对封建统治阶级官吏、地主老财、土官等剥削阶级的嘲讽、鞭挞构成了其基本故事的重要内容。其中，《一匹天大的布》就讲述了甲金向“苏大”（土司）租佃土地种植棉花而遭到后者高利盘剥的机智故事，反映出布依族人民在面对封建统治阶级的压迫而心生机智，用计打消了土官残酷剥削的思想。例如，甲金在面对“苏大”的无理要求时曾爽快答应“秋后收棉给土司织一匹和天一样大的布”。等到秋天收获棉花之后甲金拿着尺子赶到土司家说道：“天有多宽，多长，请苏大量个尺寸，我好下料上机。”土司听罢哑口无言，只好无奈地望着天空，暗自后悔叹息。

由此可以看出，布依族的很多文学作品中并无表现民族内部斗争以及阶级平等观念的故事内容，这就体现出布依族人民内部强大的凝聚力和向心力，也是原始社会平均分配、平等相处的明显思想遗迹。这从他们的服饰中就能体现出来：民族服饰没有高低身份之分，只有年龄差距之别。老年人有属于自己的服饰款式、颜色，年轻人为了追求时尚而可以随心增加流行的元素以享受“特立独行”的时尚之美，但在年龄关系上两者之间绝不会弄乱穿衣纲常礼法，各自遵循自己的穿着身份区间，这是布依族在社会平均等级地位之外的年龄性别等方面较严格的宗法约束的体现。

第三节 和谐乐章：各民族的美好祈愿

一、交错杂居的民族共同体

民族服饰是一种物质财富，也是精神财富，它最终属于文化范畴。因此，民族服饰具有记载历史文化的功能，展现地域文化特征，更具有心理文化的表征特点。少数民族丰富多样的服饰审美观念能从侧面体现中华民族服饰文化的多元特征。我国各少数民族社会本身就是一个可循环的生态系统，而少数民族文化生态系统关系则反映在族内社会关系方面。

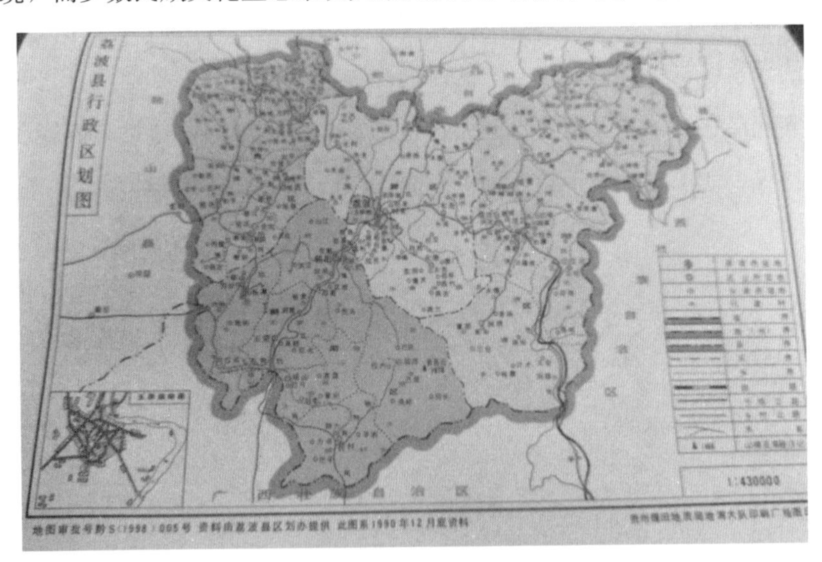

图 3—4 荔波县早年行政区划图

荔波县境内的布依族在此生活已将近 1000 多年，因而可谓是当地的世居民族。秦汉以前，布依族就居住在今南北盘江以及交汇的红水河流域，一部分则居住在荔波、独山、南丹交界的打狗河流域，并形成今天所称的黔西南州和黔南州两大布依族聚居区。据史料记载，众所周知，荔波县全县人口一共 18 万，其中布依族人口为 10.733 万人，占全县人口的 59.63%。布依族、水族、苗族、瑶族 4 个民族为境内人口较多的世居少数民族。除瑶麓瑶族乡外，布依族在全县 16 个乡（镇）均有分布。境内水族主要分布在永康、水尧、水利 3 个水族乡和佳荣镇。另外还有部分散居在茂兰、立化、朝阳、甲良、玉屏、瑶山、洞塘、播尧、方村等乡（镇）、村寨。地处云贵高原向广西丘陵过渡生物凹陷地带县城是一个多民族聚居县，以布依族、水族、瑶族、苗族人口居多。

苗族主要聚居在佳荣镇的大土、水维、甲料、坤地、拉祥、拉易、拉吾等区域。散居苗族主要分布在播尧乡的拉美、田湾、朝阳镇的岜马、寨平、洞塘乡的懂朋、塘边、三河、瑶山瑶族乡的坡旧、朝沙、拉庆、下洞、塘上、拉柳、白蜡坳、巴楼，驾欧乡的更灶，捞村乡的岩脚，甲良镇的降毫，玉屏镇的新寨、萝卜木。

瑶族分布聚居在瑶山、瑶麓、茂兰、佳荣、洞塘、立化、翁昂、捞村、玉屏、水尧 10 个乡（镇）38 个自然村寨。在 38 个自然村寨中，除白蜡坳寨为瑶族、布依族、水族、苗族、汉族杂居外，其余 37 个自然寨全部是瑶族居住。

壮族主要分布在玉屏镇、洞塘乡、佳荣镇、翁昂乡和立化镇的集市所在地；侗族主要分布在玉屏镇、播尧乡、佳荣镇和方村乡的集市所在地；土家族主要分布在洞塘乡和玉屏镇的集市所在地；毛南族主要分布在洞塘乡和玉屏镇的集市所在地；其他少数民族主要散居于县城所在地玉屏镇。

汉族人口分布广，全县 17 个乡（镇）中，除瑶麓、捞村两个乡外，其余 15 个乡（镇）都有汉族居住，其中以乡镇和乡村集市所在地居住较为集中，佳荣镇的高里村和洞塘乡的木槽为汉族聚居地。

根据我国“大杂居，小聚居，各民族交错杂居”的民族分布特点，荔波布依族的日常生活环境与周边水族、瑶族、苗族等少数民族有极其紧密的联系。

例如，荔波布依族中有一种语言知识叫“莫话”。“莫话”主要流行于荔波县北部的甲良方村、播尧这几个乡镇以及水利乡的尧棒村。由于流行“莫话”的地区主要是布依族莫姓人家，故而叫“莫话”。荔波县北部主要是布依族和水族聚居区，因此很多会说“莫话”的人都能听懂水语和布依语。这主要由于“莫话”中有近三成的词语发音和水语相似，但声调不同，同时也有将近七成词语发音近似布依语。除了荔波县北部地区，其他地方的人们都听不懂“莫话”，呈现出与外界交流的边缘化，这体现出特定少数民族之间的互相交流融合，“莫话”也是荔波县北部地区的强势语种。目前对于“莫话”产生的背景并无历史文献考证，但可以肯定的是，当地布依族和水族人民渴求长期密切的交往交流而创造出的语言支系，满足了两个民族与其他民族和谐相处的需求。

布依族人民的经济生产方式一直以来都经历了较稳定的演变。例如，布依族对古越人稻作栽培技术的继承与发展的历史非常丰富。同时，以稻作农耕为特色的农业文化经过漫长的演变过程而变成今日灿烂的农耕文明。

此外，在一定的生态环境下生活的民族所创造的文化必定有别于其他的民族，只是程度不同而已。这世上不存在没有文化特征的民族，反之，没有民族作为载体的文化也是不存在的。在稻作生产的研究中既要注意到自然地理环境的因素，也要重视人的因素。民族以其文化特点来区分。长期以来，相似的自然地理环境使得布依族有大致相同的语言、农业耕作方式、风俗等。

即使布依族语言属于汉藏语系壮侗语族壮傣语支，在历史发展中却形成了三个土语区。但布依族生活地区的地形复杂多样，区域内部的自然地理条件具有差异，交通不便造成各土语区之间的文化交流不通畅。各土语区之间除了土语有别，在某些节庆日、祭祀方式、习俗等方面都存在差异。但总的来说，布依族地区的自然地理环境决定布依族向稻作农耕方向发展，这是由气候适宜、土地肥沃等自然条件促成的，时代农耕对于天时地利的依赖性使布依族的稻作农耕方式具有“稳固性”和“一统性”的特征，这一生产方式在历史发展中绵延不绝，世代一脉相承。

由于布依族地区沟壑纵横，地形切割大，山岭阻隔，虽有江河航道却未能全程贯通，这就制约了布依族与外界的交往以及物质或精神文明的扩展。特别是居住于南北盘江流域的布依族人民因为旱地多，水田少，有效灌溉和保灌面积少，在小生产靠天吃饭的状况下，旱情的出现势必危及到当年的收成。这对于以稻作农耕为主的农业生产、以稻谷为主食的布依族人民而言是极其不利的。尽管如此，生活在该地区的布依族人民则表现出安土重迁的状态。他们安稳于先民开垦和遗留下来的有限土地，并未产生怨天尤人和迁徙他乡的念头。反之，在遇到灾荒时，他们会通过加倍的辛勤劳作以求补偿，或者以省吃俭用的简朴需求来求平衡，或以向自然、祖先崇拜祭祀方式来祈求神灵庇佑和恩赐。这种环境形成的文化影响和制约了布依族生产方式的变更和经济生活的变化，加固了布依族稻作农耕方文化的稳固性和一统性。从采集到栽培、从“踏耕”到“牛滚田”然后发展为“犁耕”的稻作农耕文化的发展规律与历程使犁耙、锄刀、扁担、箩筐等主要生产工具和人力加畜力成为传统的劳作手段。这种单一的种植业成了布依族人民的主要产业和职业取向，以农为本成为他们的经济观念和心理定势。

在布依族形成过程中，各民族相互交往、融合，“你中有我，我中有你”。历史上形成民族迁徙与融合的原因，大多是战争、移民、贸易、避难等。据史志记载，自春秋战国以来，县境有十余次规模较大的移民，其中，北宋迄清末移民最多。明初“调北征南”“调北填南”；清乾隆、嘉庆年间招民垦种；咸同之后开通商路等，江南、湖广及四川等地迁来居民不少。这些移民中，有一些与当地土著通婚，而后成为布依族。从浙江余姚河姆渡、罗家角，广西钦州独料、贵县罗泊湾和贵州赫章可乐乃至云南元谋大石墩等新石器时代遗址处发掘的古稻遗迹和文献记载的古代野生稻、现代野生稻分布状况考察，兼及民族史、民俗学、遗传学、语言学乃至生态学的研究成果就可以证明：水稻的故乡在中国南方，它的始祖是古越人。它们的一支——骆越在创造稻作文明中做出了巨大贡献。骆越后裔的布依族继承和发展了先民所创造的稻作文化的精华，从而以稻作民族著称于世。

以浪漫化的幻想情节来表达愿望的还有《穷人和富老》《丫头和长工》《灵蛋》《天仙治财主》《鸡蛋变牛》《为哪样榜上有名》等，这些作品均表示出作威作福的统治阶级对老百姓欺压剥削的无限愤恨。由于在当时的情况下个人的能力还未达到解决问题的能力，因此只能通过幻想有自身之外的奇异力量来拯救劳苦大众。

在漫长的远古社会历史进程中，布依族经历过血缘家庭、普那路亚家庭、对偶婚姻制、母权制组阶段。秦王朝统一之后，贵州大部分地区的布依族先民正式纳入祖国统一的多民族国家版图，经济社会也不断发展，布依族人民进入定居的农业生活，纺织业、手工业铸造业不断兴起，从当时的器皿衣饰的工艺手法中更能体现其不断变化的美学观念。

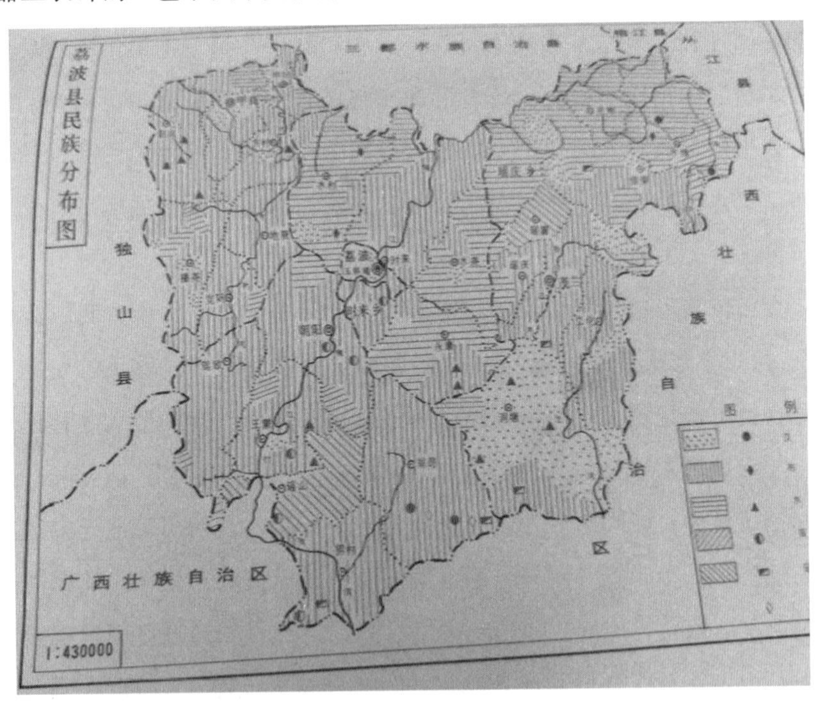

图 3—5　早年荔波县各民族人口分布图

布依族同其他兄弟民族的社会历史发展进程有明显差别。从秦汉时期起封建王朝对包括布依族地区的西南地区加强控制，到南北朝时期中央王朝出现混乱，但布依族人民都是“奉王朔”“听朝命”，体现出中央封建势力对布依族地区的逐渐影响。居住在边远山区的布依族先民依然“皆巢居鸟语”，因交通不便而很少与外界交往，因而其民族文化能够稳态地保存下来。

二、和谐——民族关系的总基调

文化变迁，是指或由于民族社会内部的发展，或由于不同民族间的接触而引起的一个民族文化系统，从内容到结构、模式、风格的变化。[①] 布依族自古以来是一个开放包容的民族，无论是服装制作方式的改进，还是服饰颜色的多样化以及不同年龄和性别服饰的变化等变迁，这些都与文化传播息息相关。[②]

文化不是经济活动的直接产物。每个民族所居住的包括山川、河流、盆地等自然环境、现实生活中流行的新观念以及本民族社会的特殊发展趋势都给文化提供了独一无二的场合和环境。经济社会环境亦是如此。经济基础决定民族服饰的产生和发展，也受到社会生产力的制约。少数民族传统社会大多是一个自给自足的自然经济社会，很少通过商品交换、货币流通等方式获得。以自然经济为主体的农耕文化与家庭手工业相结合的结构方式是少数民族家庭不可动摇的经济生产方式，这也是少数民族服饰工艺得以世代延续与继承的重要渠道。

然而，在与现代经济不断接轨的过程中，少数民族的生存方式与生活习惯也悄然地发生了变化，因而其服饰赖以生存的传统文化空间在迅速地缩减。因此，当一个民族的文化与其所在的文化生态环境相适应时，文化则会通过自身调试而将新文化因子加入其原有文化体系中。相反，如果外来因素使当地文化最终不能适应文化生态环境，那么文化的传承发展就会

①林耀华. 民族学通论［M］. 北京：中央民族学院出版社，1990：396.
②罗成华. 黔南邀贤寨布依族服饰文化变迁研究［J］. 国际公关，2019（11）.

受到牵制，文化也会出现解构、分化、重组甚至消亡。作为人文环境中的一个重要因素，经济环境的变迁对民族服饰系统也相应地产生了重要影响。

服饰是本族群的历史载体和生死通灵联结物。[①] 百日维新时期，康有为曾上书《请断发易服改元折》，“非易其衣服不能易人心，成风俗，新政亦不能行。”[②] 提出男子的辫发长垂极其不利于其进行机器生产，长裙雅布也不能适应于万国竞争的时代，同时女子长期裹足不利于进行生产劳动，因而请求放足、断发从而推动服饰的改革。从清雍正四年（1726 年）开始“改土归流”到新中国成立的两百年间，布依族妇女服饰经历了漫长的演变历程。[③]

目前，在各种民族服饰展演以及民族节日中有一种有趣的怪现象出现：为了吸引媒体以及观众的眼球，很多民族服饰制作者在制作或搭配服饰时会加入一些新的装饰，原本色彩比较淡雅暗沉的服饰会被加入亮丽的类似红色等暖色色调，装饰比较单一的服饰会被加入一些装饰品，极大地体现出服饰制作者们的生命追求，他们或许将自己未能实现的精神追求寄予在服饰上，延续着自己的精神生命，或许更准确地说，他们希望服饰的社会生命能够越来越强大，能够在社会上产生较强的影响力，对服饰文化做出一定的贡献。

布依族服饰纹样的形象模仿到抽样变形的转变都是人们审美感受的不断演变的结果，彰显了人们的心理变化和社会演进。妇女们通过不同的图案表达自己对幸福生活的向往，对亲人的热爱，对自由的追求。布依族服饰特殊的审美心理反映他们的审美特征，其最初产生是有明显的功利目的，人们在大自然面前已经不再那么无助被动，而是主动应对大自然灾难。

---

①邓启耀. 民族服饰：一种文化符号——中国西南少数民族服饰文化研究［M］. 昆明：云南人民出版社，1991：4.

②竺小恩、康有为：近代中国服饰变革的倡导者［J］. 五邑大学学报（社会科学版），2009. 11（1）.

③伍强力. 对当代布依族女青年服饰变化的思考［J］. 民族艺术，1993：12.

布依族服饰携带着原始意象而传承至今，成为其服饰上鲜明的民族显性特征：首先，传统布依族服饰样式统一，服饰上图案、色调、花纹一致；其次，布依族服饰保持着相对的稳定性和一致性；在近代以前的漫长历史时期，布依族服饰的变化可谓非常小，其基础都是在不改变民族传统样式与花纹图案的基本特征的前提下发生枝节渐变。虽然随着近代中国的巨变以及现代文明的冲击，布依族服饰的变化逐渐加剧，但这是当今世界各民族所面临的普遍问题而不是某一个民族服饰本身的问题；再次，传统的布依族服饰的齐一性和民族共性突出，实用性分类和个性化不突出；最后，布依族古时与现代社会中分类明确、个性化特征明显的流行服饰有着本质的区别，它在样式、色调、图案上的整齐划一的特征充分显示出它的民族显性特征。布依族服饰蕴含着远古布依族先民原始、粗狂、朴素的原始审美意象。

在此，荔波布依族服饰可与荔波瑶山白裤瑶服饰进行对比便可得知其具有的社会生命特性，彰显其与周边民族和谐相处的特点。从广义上来说，少数民族服饰所传递的文化底蕴及表现的生态美，大多与该民族的图腾文化相似或相关。图腾文化能体现出某个民族的宗教文化。白裤瑶是瑶族众多支系中的一个分支，因该族男子常年穿着白裤而得名。白裤瑶男子上身为蓝黑色对襟衣，胸前两侧各绣有一个鸡崽花图案。男子的节日服装从整体上看，就像一只雄鸡，衣服的脚就是鸡的尾巴，两边是鸡的翅膀，这表现出白裤瑶一直以来都将鸟作为自己的自然图腾崇拜，在整套男女服饰中都有重要体现。1962 年黄书光、谢明学先生收集整理的白裤瑶民间故事可以为此提供验证：相传白裤瑶在吃了野果后感觉肚子疼，后经谢古婆的指点，需要在卜罗陀藏在红水河岸最高的白崖上的第九个岩洞中取得代替野果来充饥的苞谷和稻谷，在取得这些谷子的过程中，鸟是第一个来帮忙的动物，因此他们对鸟十分崇拜和尊敬。此外，白裤瑶服饰的特点还可以用“及膝白裤，背绣大印”来概括。白裤瑶女性的“背绣大印”以及白裤瑶男子裤子上的“五指印”是白裤瑶的原始宗教文化存留下来的古朴久远的文化特征，是白裤瑶对始祖的纪念，是祖先崇拜的最有力体现。

作为人文环境中的一个重要因素，经济环境的变迁对民族服饰系统也相应地产生了重要影响。如今，随着少数民族村寨旅游的大力开发，布依族人民在举行大型的民俗表演或者迎宾活动也会被要求穿上本民族的传统服饰，但这些传统服饰大多由现代机器大批量制作，缺少了心灵手巧、手艺精湛的布依族人民的参与，这些服饰总是缺少了一些民族服饰的韵味和情感寄托，在服饰工艺的传承上出现了明显的断层。

近代解放之后，黔南地区布依族妇女服饰变化非常大，主要分为四种：首先，在都匀、规定、龙里、平塘、惠水等县的布依族妇女主要身着短衣斜领窄袖，胸挂绣花围腰，头搭毛巾或蜡染花帕，下穿大口裤，裤脚滚花边；第二种是穿斜襟窄袖上衣，系二尺长的围腰，梳一根大独长辫，拖在背后，不包头帕，下穿大口不镶边长裤；第三种是上穿斜襟大袖衣，衣长齐膝，下穿大口镶边裤；第四种是都匀、独山、贵定等交通比较发达、与汉族杂居且密切交往的布依族地区的妇女服饰基本与汉族妇女服饰无明显差异。

随着时代的发展和社会的进步，布依族服饰已经逐步走向市场化和商品化，自给自足的生活方式逐渐改变，年轻人不再像长辈一样自己学着制作服饰，但在外务工的布依人在一些重要场合中仍然有穿着本民族服饰的需求，这就孕育出大量以制作民族服饰营业目标的小商铺。通过对现代服饰需求的不断调研和考察，商家们发现，购买布依族服饰的人群一般喜欢色彩鲜艳、款式丰富多样、剪裁凸显身材的样式，突出个性特色。因此，民族服饰商家根据顾客的需求将传统的中长衣改成较能凸显身材的收腰短衣，将原本暗沉、低调的藏青色布料调换成各种刺绣图案来装饰衣领、衣袖、裤脚。布依族服饰在创新开发中不断产生出把民族服饰元素加入到各种旅游产品的衍生品之中。布依族服饰很美，但是游客带不走，或者由于价格偏高而不舍得花钱去购买，怎么办？这就可以模仿西方的芭比娃娃，把布依族服饰按照比例缩小穿在娃娃身上，打造布依族风格的芭比娃娃。①

①柏芝灵，陈小英，韦金娥，谢志婳，余选英，卢晓灵．布依族服饰文化的传承探究［J］．散文百家，2017（11）．

对于服饰的自由发展既是个体的自由发展，也是作为民族服饰产业的发展。[1] 1954 年以来，全国对棉、布等物资进行限制供应，要求只能通过征收布票、絮棉票才能对这些物资进行流通发放。这就使很多人无法平等自由地去购买自己喜欢的服饰，无法彰显人性的平等和自由，对人性也是一种扼制和抹杀。直到 1983 年 12 月 1 日。国家商业部才开始对棉布、絮棉等物质全面敞开供应。1986 年 9 月，随着国务院明确提出“以服装为龙头”的思想将服饰行业从轻工业划归纺织工业部来管理，服饰产业开始在大中型城市中形成一定的市场，很多东亚发达国家或地区的服饰开始流转到国内市场。1984 年，荔波县民族花色土布，首次在春季广州交易会上展销，受到法、日等国商人青睐，共试销 5000 匹。1986 年出口花土布 3.7 万米。[2] 1985 年 2 月 4 日，经省、州审定，荔波县选送五项产品参加省资源开发展览会展出，即荔波凉席、獭兔皮、香菇木耳，少数民族土花布和茂兰喀斯特森林区录像、图片、示意图。[3] 1987 年 5 月，荔波布依族银饰双面麒麟、甲子属相、小孩吊铃手镯等名优工艺品在北京民族文化宫展销，受到客商青睐。[4]

随着人们物质生活质量的提高，人们开始从琳琅满目的服装市场中选择适合自己多变个性的服饰。人们开始有权自由选择服饰的色彩或图案来彰显自我的个性特征。服装的品牌意识也渐渐从小众的圈子中逐步向普通大众蔓延，国际品牌服装的效应也越来越强大。这是服饰的社会性的体现。一个人的身份地位和文化涵养等方面一时间可以通过服饰的款式而成为一个社会的风向标。

①王欢. 当代服饰伦理初探［D］. 上海师范大学，2014：19.
②贵州省荔波县地方志编纂委员会. 荔波县志［M］. 方志出版社，1997：60.
③贵州省荔波县地方志编纂委员会. 荔波县志［M］. 方志出版社，1997：62.
④贵州省荔波县地方志编纂委员会. 荔波县志［M］. 方志出版社，1997：64.

本章小结

服饰充分体现着人们的社会生命追求，能够充分彰显社会成员的身份认同，是人们在特定的社会背景下进行自我价值认同和社会阶层归属的美好体现，同时还能隐晦地透露民族成员内部的社会等级，彰显社会成员的个人身份、社会功绩和影响力。布依族服饰的社会身份标识功能将人划分为不同的性别、国籍、族群、职位、社会地位等级。然而荔波布依族服饰在这一系列身份功能当中，最为难能可贵的是没有强调身份的等级差别，从服饰上没有特别强烈的尊卑贵贱等级。布依族人民在历史上的相对和平使得民族诉求并没有那么强烈，服饰的制作上就缺少了渴望书写民族历史的诉求，不需要从服饰身份上进行过分强调；布依族人民作为一个稻作民族，繁重劳累的农耕活动不允许布依族人民时常将过多服饰配饰佩戴在身上，否则会极度影响农耕劳作的进度和效率，因此简约大方的服饰款式最适合布依族人民的服饰穿着。以上这些元素这些都是导致其服饰整体风格趋于平和朴实的主要原因。此外，布依族人民在生存条件上的较弱竞争模式也避免了民族内部的阶级分化，在服饰上的体现就是一种天然的弱化阶级区别，这是珍贵的平等关系，因此和谐也得以成为民族内部关系的基调。尽管布依族人民都是“奉王朔”“听朝命”，居住在边远山区的布依族先民依然“皆巢居鸟语”，因交通不便而很少与外界交往，并能够将其独特的民族文化能够稳态地保存下来，但在面对外敌入侵以及封建王朝势力无情压迫的时代背景下仍然能够集聚民族内部成员力量去对抗外敌和封建势力的剥削压榨，进行无数次有规模的民族起义和斗争，涌现出许多展现布依族人民不畏艰难和英勇顽强的民族气节的民间故事传说和英雄人物，这是他们渴望获得身份认同、民族平等和社会和谐的社会生命追求的有力表征。无数民族内部成员的社会生命追求构筑起整个民族主体对社会和认同感和影响力的欲望之塔，人们不断地发挥着自我价值去实现对社会的归属。

荔波布依族服饰独特的文化内涵特质决定着整个民族主体在社会上的影响力，是使其受到其他社会群体的尊敬和重视的主要载体，布依族服饰文化的丰富内涵能够使其在纷繁多样的民族服饰宝库中获取宝贵的一席之地，进而受到社会上其他群体的充分尊重，将本民族优秀文化继承和发扬下去，延续其服饰文化强大的社会生命力。

第四章

探寻荔波布依族服饰审美本质

第一节　生命美学与服饰审美本质的溯源与新探

弗里克·吉尔在《衣服论》中提到，人与其他动物的本质区别不在于人穿衣服，而在于人能脱掉衣服，而动物却不能。中国的服饰从夏朝开始有了质的变化，从原始社会的实用功能为主而转向成为严内外、别亲疏、昭名分、辨贵贱的意识工具。民族服饰美的本质在当代的深入探讨已经显得刻不容缓，它能够解释为何人们对于少数民族民族服饰有或多或少的迷恋和向往，也为揭示人们为何不断地追求现代服饰的保暖修身、品牌效应抑或职业身份的疑惑提供本质的思考。

首先，在揭示民族服饰美的本质之前，学术界需要回顾一下对于“美本质”问题的长达数年的探讨。

公元前300多年的著名的“柏拉图之问”开启了关于“美本身是什么”的问题之门。于是中国众多的美学家教育家也从20世纪初的美学初创开始一直在回答这个问题，但最终却还是搞不清楚问题究竟出在哪里。有人开始发问，“美本质”是否就是1903年威廉·奈德（William Knight）在《美的哲学》一书的开篇第一句话中说的“美的本质问题经常被作为一个理论上无法解答的问题被放弃了？”① 众多哲学事实不断告诉我们，这个答案是否定的。

哲学普遍原理认为，“本质”是事物的内部联系，从整体上规定事物的性能和发展方向，是使事物成为该事物的内在规定性。事物的“本质”需要通过对“现象”的研究来把握。而笔者认为，这个现象在生命美学中的体现，极为紧要的一股重量便落在了服饰这一无法忽略的载体身上。服

---

①朱狄．当代西方美学［M］．北京：人民出版社，1984：165．

饰并不只是遮羞、保暖这样的浅层功用，而是作为美本身成为人类生命的一部分，不可分割。美是如此明明白白的现象，不带任何神秘的气息，也无需通过多方探索才能发现其踪迹，因此，美一定是有本质的，而且美的问题也绝对不是假问题。至此，柏拉图的“美是难的”这道解不开的符咒在应验了两千年之后终于开始失灵。

在原始人的劳动创造的产品中，不仅存在着一种对人们的实际生活有用的使用价值，而且也潜藏着一种暂时还不能为人们所觉察的审美因素。[①]我们现实生活中存在着如此丰富多彩的审美现象，为何会产生这些审美现象的最基本问题需要借助美本质的介入才能得到真正解决。当代美学家封孝伦教授永远不赞同有的人认为美本质问题说不清楚，因为关于美是什么的问题不但可以说清楚，而且可以说得很精彩。

对于美本质问题的思考和陈述，封教授认为中国美学家们的历史功绩不可抹灭。20 世纪开始，中国在美本质问题解答的历史上就出现了几个代表人物：首先，20 世纪 30 年代，朱光潜指出美主要与人有关。他认为，“美不仅在物，亦不仅在心，它是心与物的关系上面。它是心借物的形象来表现情趣。”[②] 而 40 年代的美学家蔡仪却指出美与人无关，认为“美是典型”，那些能“以非常突出的现象充分地表现事物的本质，以非常鲜明、生动的形象有力地表现事物的普遍性，这就是美”[③]。50 年代的美学家吕荧却很不赞成蔡仪的观点，认为美的立足点应该在人身上，美是一种观念。同时，李泽厚也看到了人对于美本质的重要意义，认为“美，与善一样，都只是人类社会的产物，它们都只对于人，对于人类社会有意义”[④]，他起初把美的本质定义为“人的本质力量的对象化”而后又调整为“美是自由的形式”。高尔泰则从 50 年代的“客观的美是不存在的”转而到 80 年代的“美是自由的象征”。80 年代的周来祥教授在经过对中西历代美本质论的考

①刘叔成，夏之放，楼昔勇等. 美学基本原理 [M]. 上海：上海人民出版社，2011：85.

②朱光潜. 朱光潜美学文集 [M]. 上海：上海文艺出版社，1982：163.

③蔡仪. 新美学 改写本 [M]. 北京：中国社会科学出版社，1995：97.

④李泽厚. 美学论集 [M]. 上海：上海文艺出版社，1980：59.

察之后得出以下结论："我认为美是和谐，是人和自然、主体和客体、理性和感性、自由和必然、实践活动的合目的性和客观世界和规律性的和谐统一。"① 周教授的这种辩证逻辑的思维方法让作为学生的封孝伦教授十分敬佩，特别是其对本质的稳定和现象的变化这对矛盾的解决可谓极其成功。这些关于美本质问题的探索在通过人到物的大幅度摇摆之后，终于在中和的程度上趋于稳定。

综上所述，美学界曾经提出过很多关于美本质的命题，例如，美是典型，美是生活，美是主客观的统一，美是社会性与客观性的统一，美是自由，美是人的本质力量的对象化，美是和谐，等等，封孝伦教授也曾经在这些理论营地停留过。尽管以上这些美学理论从客体的物到主体的人的每个幅度都扫描到了，但封孝伦教授却始终认为他们的理论都集体陷入了两个怪圈：第一个怪圈是，尽管他们承认人们在审美活动中怎样受到肉体欲望的影响，但在给美本质问题下定义时却不能容忍这些欲望的存在，换句话说，在他们的理论中，灵与肉、精神与物质、理性与情欲永远无法统一；第二个怪圈是，如果人们深入探讨并正视人的愿望、情感和意志在审美中的作用，或者只要侧重强调人，学界就很可能会不作深究地轻而易举将其视为"唯心主义"。这两个怪圈就像两颗杀伤力极大的地雷给美本质问题的解答设置了重重障碍，美学家们无法干净利落地将答案抽出并摆在美学界的圆桌上，它们是后来的旨在探索美本质问题的美学家们要极力排掉的对象。但封孝伦教授却显然通过常年的学术探索而巧妙地运用"美是人类生命追求的精神实现"的这个理论将它们顺利排除。

尽管当下美学界有许多讨论得很热闹的问题，但封孝伦教授始终坚持用体系性的生命美学研究来回应时代审美问题的发生和发展。它的产生是时代的需要，也是封孝伦教授多年来不断进行独立思考和学术探究的最终成果。

海德格尔认为，"美本质"必须具有"绝对性""普适性"和"超越

①周来祥. 论美是和谐［M］. 贵阳：贵州人民出版社，1984：73.

性”。生命的内在规定“超越”一切时代和一切文化背景。选择“生命”作为“美本质”的逻辑起点可以解释一切审美现象。因为“生命”概念的内涵很大，它能完全界定审美的本质以及涵盖审美的全部内容。一直以来，美学家们为美本质问题寻找过许多的逻辑起点，例如，实践、生态等。封孝伦先生认为，“实践”不能作为美本质的逻辑起点，因为人的实践活动是由人的生命存在决定的，没有生命和生命需要的驱使，人便不会实践，也不会产生实践的各种内容和形式。实践论根本覆盖不了所有的审美现象，例如，自然、性、爱、人体等。

封教授认为，当我们说某个对象“是美的”的时候，它必须存在两个必要的前提：第一，这个对象能够使我们产生审美快感。这种快感不仅是愉快的感受，而且在审美过程中心理上会产生一种感动。尽管人类最早的美感就只是愉快的感受，但在漫长的审美历史中，人类的审美对象的扩展使美感变得丰富起来，审美中产生的情感体验也逐渐由单一的愉快变得多种多样，诸如激动、愤怒、伤感等心理体验都会转化成甜蜜、感动、欢乐等感受；第二，我们不能对这个对象产生物质性或物理性的占有，这并非美学自身的逻辑规定，而是现代人对审美活动的理论约定。占有包括拥有和消费，只有把一个物品作为自己的一个生命条件，抑或转化为自己的生命能量的消费行为才能称为“占有”。

人的本质就是生命，除此之外，任何别的界定都不能准确地解说人的“概念”。只有“生命”这个概念能把人的动物性、精神性、社会性包容进来。

美是人与客观事物的千差万别的审美关系抽象出来的一种界定审美对象的根本性特征，而美的事物，则是承载这种特征的具体事物。在没有人类的时候，事物是可能存在的，而“美”则不存在。审美不能脱离认识论，因为审美有感知，有理解，有对人生规律的感悟和把握。但审美主要是人类在精神时空中的生命活动，它不仅仅是认识，甚至不主要是认识。思考人类审美现象，主要从人的生命现象入手，把人作为一个客观的生命存在，思考这个生命存在为什么会有审美活动发生？人类的审美活动于他的生存有没有意义？人类应该怎样进行审美活动才能有利于人类生命的发展？[①] 无论从哪个角度来说，人都是一个生命存在。

生命追求的精神实现，是一个人与客观对象的现实审美关系的规定。[②] 这就像理想这个事物不过就是与人的奋斗目标相联系的有实现可能性的想象一样。它主要包括了人类的生命追求的精神实现的三个环节，即追求、对象和精神实现过程。这个潜在和模糊的对象满足生命追求所需要具备的条件要求，它在衡量现实对象的过程中担当着尺度的角色。尽管如此，理想中的对象的形成仍然需要具备两个前提：一是作为物质生命体的人主要追求什么；另一个是客观自然和社会条件可能提供什么。

正因为美是理想，并且不同的人、不同的阶级有不同的理想，所以这世上才会存在各式各样不同的对美的追求。有的人追求名利，认为名利就是一种美；有的人追求宁静自由，认为宁静自由就是他追求的美；有的人终其一生去追求爱情的真谛，认为爱情就是世上至高无上的美。各种不同的理想构成了人类生命理想的不同侧面，汇聚成人类向前进步的巨大洪流，拓宽和延伸着美的领域。封孝伦教授认为，美就是生命追求的精神实现，是一个人与客观对象的现实审美关系的规定。[③]

只要是能充分展示人作为人的特点，保证人的生存与延续，充分显示人旺盛的生命能力，并能被视听所感知的人的状态、行为或性格特征的美感，都能称为人的美。[④] 追求服饰的美其实就是在追求人的生命需求。作为客体的人在审美世界中占有极高的地位，从异性的人我们看到了某种根本的生命需要及其满足。这些美必须是能够被视听觉所感知，并能够愉悦视听的生命特征和生命能力。

服饰作为展示人体美的载体，它必须符合人的生命追求的人体形态，主要表现在体质、容貌、身材、皮肤、声音、毛发以及生命力等诸方面。

---

①封孝伦. 生命之思［M］. 北京：商务印书馆，2014：26.

②封孝伦. 美学之思［M］. 贵阳：贵州人民出版社，2013：65.

③封孝伦. 美学之思［M］. 贵阳：贵州人民出版社，2013：65.

④封孝伦. 美学之思［M］. 贵阳：贵州人民出版社，2013：178.

人体美的民族差异的根本原因，一方面是习惯，人一生处在特定的人体环境中朝夕相处，耳鬓厮磨，他会逐渐接受并认同对象的形貌特征；另一方面，人对自己类属民族的生命价值和生存理由的维护。[①] 这就明显地解释了为什么很多少数民族对自己服饰由衷的热爱，对其他民族的服饰虽然也表现出欣赏，但要让他对服饰做出选择的时候，他仍然会选择异族服饰美中最接近本民族特征的种类的现象，同时，当自己的服饰被其他民族歧视或者贬低时，他们会对其进行反击，维护自己民族的生命价值和生存意义。人最高的追求就是实现生命的存在和延续，而对象的人就是一个个活生生的生命存在，它向我们展示着不同的生命摹本。[②]

因此，从生命角度分析了美的本质之后，我们对实践美学中的许多理论就有了新的认识。例如，人类之所以会产生美感就是因为眼前的对象在某一方面能够满足人的生命追求；又如，有的人类创造的产品是美的，而有的是不美的，这主要是由于前者能充分满足人类的生命需要，而后者在某种程度上否定或毁灭了人类的生命需要；再如，一些自然之所以美就是因为它们在某一时间段内满足了人类的生命追求，然而过了一段时间之后，这些原本美的自然不再被人们追捧，就是因为它们不再体现着人类彼时的生命追求，甚至压抑或毁灭了人的生命追求。

封孝伦教授认为，审美主要涉及的哲学层面应该是人生论的问题，因为审美是人类独特的生命活动。没有人类生命也就不会有审美，当然也不会有美。但人与动物的生命有质的不同，这主要在于人类的生命结构发生了两次大的飞跃。[③]

①封孝伦. 美学之思［M］. 贵阳：贵州人民出版社，2013：187.
②封孝伦. 美学之思［M］. 贵阳：贵州人民出版社，2013：177.
③封孝伦. 生命之思［M］. 北京：商务印书馆，2014：27.

第二节　论布依族服饰的形式美与生命（生命在形式美学中如何实现）

本质何在——民族相似性关系下的布依族服饰美学比较略要：

这里主要从汉服和布依族服饰的形式美学比较进行概述。中国传统民族服饰的历史确实是源远流长，若上溯至原始社会，《鉴略・三皇纪》："袭叶为衣裳"，《物原・衣原第十一》："有巢始衣皮"，记载有巢氏最早教族人用树叶、毛皮做衣服。大抵以此为开端，远自夏商周到近现代，中国服饰都以其视觉形式上的鲜明独特性和所传达出的视觉高雅感为世界所瞩目。虽然在知名度上主要以汉服为主（这大概是时代注意力的聚光灯效应），但是同为华夏大地一个古老的民族，布依族与其他众多少数民族一样，与汉族在文化上有着不可否认的亲缘关系，而从民族传统服饰来看，二者在视觉形式上更是属于近亲。因此若论中国传统服饰的世界地位，少不了众多少数民族的独特贡献，而布依族服饰则是其中一颗明亮之星。

例如，在整体结构上，布依族服饰与汉服在整体结构上都属于明显的上衣下裳结构。上衣下裳，天地阴阳，汉服主要开右衽，布依服曾有记载开左衽，而今天新时代的布依族服饰在结构上也多趋同于汉服。两种民族服饰在结构上的相似性和亲缘性，大概是缘于各名族在文化社会生活环境上亲邻关系，尤其是当代语境下的民族融合状态更有利于全方位的交融演化，但这也正是传统文化传承发展的巨大难点所在。

又如，二者在视觉形式上的主要差异之线条美上，汉服的主体精神原则应该用两个词来概括：大美、大雅。不论是古代绘画艺术作品还是文物实体，传统服饰都能明显带来这两种视觉感受。而从视觉形式美学的表现逻辑来说，"线条"这一元素首当其冲成了表现美和雅的最主要手段。历来注重线条的流畅美感（清朝这一特殊时代除外），宽襟阔袖，长衣善舞，这应该是因为汉族“道家文化”的内在影响，上善若水，重视“和而美”，整体以弧线为主，方的形式感则多处于配饰地位，比如饶边花纹、冠帽、腰带、鞋等处常见方形线条设计。另外，长线条造型是汉服的典型特征，如有琐碎繁复或是精致贵气的身份象征等大多都归结于服装的饰品，就连服装本身的刺绣勾描也都严格符合整体的雅。清代以前的传统服装不论男女，基本都在这种经典的长线条舒缓轮廓的基础构架支撑上演绎着它的优美乐章。还是线条，它在少数民族布依族服饰的美学构成里面，同样充当了显而易见的重要“筋骨”，它是支撑，支撑着布依人民的精神框架；也是渠道，输送着整个民族生命的血液。与汉服不同的是，布依族服饰的线条则更加硬朗，不仅整体线条造型偏方偏直，内部装饰细节、图案设计也多出现方格直线，多见大块面分割，甚至女性头部的头帕也会处理成简洁的方块造型。整体视觉效果看起来更多的体验感受是单纯和简洁，这样的形式精神样貌下的民族不会有复杂而高深莫测的人情世故，更接近于道之“天然感”。与其相处大概更加简单快乐、纯净安宁。这种服饰的视觉美学同时内化于生物、精神、社会三重生命，又外化于整个语境实体，作为生命语言的重要部分贡献给个体的他者和整体的社会族群。

汉族和布依族两种服饰的色彩生命之美如何体现？在道儒文化土壤的长久滋养下，汉服一直以来都重视高雅和大气，同时也在高雅中秀美，在和谐里言说。中国汉族传统服饰在色彩上并没有像布依族那样的纯粹地位，色彩都被整体形式所统辖管束，当有人提起汉服，我们脑海中出现的第一印象就是出神入化的经典外形，它的线条形式美就已经具有无法超越的气质。至于色彩的运用在这里没有得到主人的地位，色彩总是很和谐地进入这种经典外形线条的内部，犹如河水池鱼那样安适低调，这也是汉服美学的高明处。布依族服饰就截然不同了，它们的块面分割设计使得纯粹的黑、白、青、蓝都能够独立于服装之上，纯粹直接，简洁明快。一位布依族姑娘站在面前，不用一个文字出力，那一身衣物便已经替她言说了很多：“我是一个单纯善良的姑娘，我简单快乐就像阳光下的一朵鲜花。”这里的服饰美学，色彩独立于线条形式之外，又与线条和谐共存。

此外，上文陈明布依族在社会关系中相较于“其他民族等级森严”的难能可贵的平等状态，也是形成服饰外在形式美学的基础生命。因为内涵着人人平等相爱的善的精神生态，默默地体现在服饰设计当中，不像汉服那样追求某种类似于“大气”的意图，也没有汉服那样明显的贵贱等级。同时这种设计也不像当代设计师的作品那样理念突兀，功利突显，它是漫长的社会生命对于服饰视觉美学的无声感染。人的三重生命就这样无声无息地融入服饰美学，使得一个少数民族的服饰美学如此明亮而有辨识度。这就是布依族服饰的独特与珍贵之处。我想这一定是布依族文化为当代乃至以后做出巨大贡献的潜力所在。

寻遍东西，也没有哪一个民族的服饰能像这样给我如此独特明媚的美学体验。身着布依族服饰的男男女女行色轻灵、歌舞平和，是那么的让人心境和善而踏实。上文以形式比较的方法，重点从线条和色彩两个主要脉络简要剖析了布依族服饰的美学生命。下面我将布依族服饰的其他几种显著美学性格抽离出来做一点点具体论述。

一、“嗜格成性”

“远看颜色、近看形状”，格子布是形与色的重要元素的重要结合。格纹图案一般为“井”字结构，展现经纬相交而形成几何图案。这种与生俱来的秩序感能够使人产生远离繁复生活的感觉，从而带来平衡感。单一色彩的格纹给人一种淡雅、肃穆的感觉，而多种色彩组成的格纹则表现出多彩渐变、耳目一新的效果。

服饰的审美特征主要为形式美（对称与均衡），德卢西奥・迈耶在其著作《视觉美学》中说：“对称基本上是用来表现和谐与安静的。”阿恩海姆也在《艺术与视知觉》中提出：“一个对称的形象看上去更加坚固和更加稳定。”

从现代艺术开始，很多艺术大师对于“方格”这种特殊美学形式结构就有着偏执型的嗜好，抽象艺术家蒙德里安便是典型代表。在欧普艺术家那里，方格纹也被使用得尤其戏剧性和放浪形骸。在21世纪的当代艺术中，也有不少年轻艺术家一再搬动方块和格子来搭建自己的形式语言。

在当代服饰设计界，具有英伦范儿的格子服饰是时尚界的宠儿，格子风格的大衣、衬衫、围巾、鞋子等格子元素普遍流行于时尚圈，甚至还普及到雨伞、桌布等日常生活用品中，展现出对格子图案的极度执着和痴迷。然而，位于祖国西南地区古老的布依族才是真正的“格子控”。这不是意外地踩对了时尚街拍，而是千百年的民族特色与世界市场潮流的审美互鉴。

方格一直以来深受偏爱，倒也并不难以解释其原因。

格纹给人一种醒目、严谨、稳定、富有张力的感觉。在服装设计界，格纹有大小、颜色、面料等差别，这也构成了服饰整体效果的因素。格纹作为一种几何图形，通常以其百变的风格形态彰显格纹文化的独特魅力。例如，格纹作为苏格兰的一部无字史书向世人倾诉着该国人民“嗜格”的别具一格的文化。1984年，该国王乔治四世巡视苏尔兰的爱丁堡时就宣告民众，让每个人都穿着属于自己的格子，并且以姓来命名各种格子图案，从而发展出家族格子图案的历史。苏格兰格纹彰显了一个家族的印记，同时又可以通过不同色彩的格纹来传递家庭的政治地位的迥异。格纹已被古代人类所运用，考古学家在新疆罗布淖尔发现了三千八百年前的棕色成斜纹方格的残片。① 但中国对格纹图案的运用主要各种窗格中，对于服饰的运用并不多，布依族是一个例外。直到近现代流行服饰中复古风潮出现后才渐渐地被人民运用于服饰设计中，有些具有装饰作用，有些具有整体美的功效。

格子具有灵活性和包容性的特征。格子图案被广泛运用在各个服饰、家居和各类文化用品。特别是男衬衫中的格子元素使用使服饰的风格体现出灵动、轻松、规矩、严谨的特征。格子衬衫可以体现出苏格兰格子呢是

---

①叶立诚. 中西服装史［M］. 北京：中国纺织出版社，2002.

联系氏族的纽带以及氏族部落团结的象征。詹姆士二世党人曾经将格子呢作为抗争英格兰政府侵略苏格兰的政治派别符号。温莎公爵也使格子呢从象征着军队编制的角色转换至皇室御用和高贵的象征。

作为一种大众化的几何图形，格子图案被广泛应用在许多日常生活用品中：服饰、家纺、家居装潢等。尤其是格子图案在服装设计上的使用在不同的的国家则代表截然不同的含义。通过服装这个媒介来实现其价值也是格子图案在新时代的重要价值。具有不同审美品味的人对格子纹的图形语言的理解也存在显著差异，呈现出不同的服装需求。

在琳琅满目的实体商场和电子商场中充斥着各类欧美、韩版、英伦等国际风格的服饰，这是一种他国服装国际化的表现，也是我国服装选择多元化的表现。因此广大人民在追求这些流行国家化的服饰风格时始终会陷入牵制和被动接受的局面。很多国际风格的服装为了追求品牌化而在设计中大量运用制作烦琐的服饰材料，其中一些服饰为了追求服装的大众化而使用低价劣质的服饰材料。这两种服饰材料的选择都不利于我国生态文明社会的建设，对自然和社会环境造成了一定的负面影响。

服饰在特定领域中形成特定的服饰元素。由于社会发展程度的不同，特定场合和环境下所特有的服饰总是与其他国家或地区的服饰有较大差异。例如，目前流行的西服和职业套装就是在西方特定的文化背景下产生并流传到世界各地，但它们绝非西方的民族服饰，而是一种有别于世界其他地区的服饰文化。1976 年，日本著名的时装设计师高田贤三为了纪念美国建国 200 年而推出了服饰时装界的印第安风格。独特的羽毛和流苏装饰以及鲜艳的配色都表现出一种野性的未开化的民族风格。又如，圣·洛朗从中近东、印度、西班牙、摩洛哥等地区的民族服饰中不断受到启发并产生灵感，运用天鹅绒、雪纺绸、织锦缎等豪华织物向人们展现了一个绚丽多彩的民族服饰世界，从此时尚界的民族风开始盛行。后来时装界出现的吉普赛风格、波西米亚风格、拉美风格等民族风格逐渐将民族传统文化与时代相结合，使民族文化不断得到沉淀与集成。

如果再从服饰心理学的角度进行深入分析，我们会发现，即使某个人愿意多花时间在个人服饰的创新搭配上，那么其后果也有可能是遭受到周围人的嘲笑或讽刺，认为其完全不具备时尚的理念，把他们列入“土气”的行列。国人的这种“时尚就是美”的观念使得人们越来越倾向于模仿所谓的欧美范、韩流范、田园范等服饰风格。可是，转眼一想，什么是时尚？谁有权利规定时尚的概念？时尚就一定是美的吗？美的东西就一定时尚吗？这些问题促使我们不断去挖掘服饰美的概念到底是什么。譬如说，某个人自己搭配了一套衣服，照镜子之后觉得自己挺美的，心里也跟着美滋滋的，可是周围的人就认为其不美，因为他或她的服饰风格完全不属于欧美范、日系范等的服饰风格，而纯粹属于个人的服饰搭配理念，那这样说来我们就认为其不美了吗？可想而知，美是一种个人的感受，是个人的生命追求在精神世界中的体现。正因为这种美没有完全符合周围人的审美观念，所以才证明了美是个人的体验，不属于全体人的共同感受，即使有些美是得到很多人的认同，也只能说明这些人在某些方面一定有着相同的生命追求。

通过仔细观察我们发现，荔波布依族服饰的图案风格与现代服饰流行的简约风格不谋而合。在领口或者袖口绣上一两朵花便算是对服饰的装饰，再多一些或许就显得庸俗了，有时纯白、纯黑，或纯蓝的冷色调的服饰反而更受欢迎。纵观我国目前流行的服饰风格即欧美风、韩流风、日系通勤风等服饰风格都偏向简约大方、色彩单一，彰显着“越简单，越高级”的魅力，过多花哨繁杂的服饰会让人随着时间的推移而使视觉产生审美疲劳，不能成为人们长期的服饰倾向，只能是服饰后宫中的调剂品。而布依族的服饰很早就能够抓住并激活这一美学元素，实属难得。

服饰的民族时尚化需要企业服饰在样式的设计以及审美观念上把最大的执着力放在对民族文化的认同和追求上。例如，蒙古族摔跤手的特殊服饰就是该民族文化和精神的典型范式；又如，苗族琳琅满目、华丽璀璨的银饰服饰是彰显其民族身份的重要标志。在我们这样多民族的国家中，各民族的服装样式以及搭配审美呈现出明显的差异，在现代化进化过程中又逐步地走向互相学习和融合的趋势。由于各民族之间不同的生存环境、生存方式以及审美观点的存在，其服饰风格和款式也具有极大的差异。世界上不同地区的不同民族在漫长的实践中形成了独特鲜明的民族艺术风格，这主要归结于其在民族精神、民族审美、民族心理等方面存在着明显的差异。许多东方的服装设计师都从民族角度出发而关注时尚。20 世纪 70 年代，日本服装设计师三宅一生以及高田贤三结合西方理念和东方的结构，继承了东方宽衣文化精神。他们不强调西方的个性解放、突出人体美以及感官刺激的服饰理念，而是潜心学习欧洲传统的剪裁技术。

目前，在各种民族服饰展演以及民族节日中有一种有趣的怪现象出现：为了吸引媒体以及观众的眼球，很多民族服饰制作者在制作或搭配服饰时会加入一些新的装饰，原本色彩比较淡雅暗沉的服饰会被加入亮丽的类似红色等暖色色调，装饰比较单一的服饰会被加入一些装饰品，极大地体现了服饰制作者们的生命追求，他们或许将自己未能实现的精神追求寄予服饰上，延续着自己的精神生命，或许更准确地说，他们希望服饰的社会生命能够越来越强大，能够在社会上产生较强的影响力，对服饰文化产生一定的贡献。

荔波布依族服饰是一种与现代服饰设计理念相契合的民族艺术，尤其是女性服饰在图案花纹上与现代服饰的异曲同工的现象堪称神奇。荔波布依族女性服饰主要由各式格子纹的土花布制成的开衫服饰搭配由各式花草图案制成的围裙并配以相同格子布制成的裤子或者深色裤子。

如今，具有英伦范儿的格子服饰是如今时尚界的宠儿，格子风格的大衣、衬衫、围巾、鞋子等普遍流行于时尚圈。然而，位于祖国西南地区古老的布依族才是真正的“格子控”。这不是意外地踏对了时尚街拍，而是千百年的民族特色与世界市场潮流的审美互鉴。格子布是人们以口传身授的方式而世代沿用的纯手工织布工艺。在荔波地区也被称为“土花布”或者“色织布”。布依族妇女擅长纺织，尤其以织土花布最为有名。其曾被赞为我国当代一流的手工色织布，有“土呢子 ”之称。居住于贵州省第一土语区的布依族执着于选择方格纹土布作为自己的服饰材料，并乐此不疲地开发出种类繁复多样的图案。

荔波布依族服饰为什么多以方格布为基本裁制原料？这主要是布依族擅长编织图案多样、色彩丰富的方格布（也称土花布）的原因。首先，很多布依族文化的文献记载中都指出布依族擅长编织各类方格布，但几乎没有明确的文献记载为何他们如此钟爱方格布。因此，这不禁令人对其产生无尽的猜想。

其一，笔者认为，荔波布依族主要生活在雨水充沛、河流纵横交错的生态环境中，打开家门就看到密麻的河流小溪穿流而过，这种景象每时每刻都出现在眼前，也深深地印在勤劳智慧的布依族人民的脑海里，以至于这纵横交错的图案最终形成了与他们密切相关、割舍不掉的图腾情节，他们希望将这份情节记录下来并代代相传，警示自己的子孙后代们要珍惜眼前的青山绿水和绿色家园，因此便将这类似方格的图案"搬"到服饰中，让人们看到方格布的服饰就联想到保护自身所处的生态环境，这无疑是令人可敬的生态智慧。这种喻情于景，喻景以物的行为在很多少数民族服饰文化中非常常见。

其二，布依族以稻作生产方式为主，整齐排列的梯田让人在视野上感受到舒适震撼，对于有视觉强迫症的人来说无疑是一种天赐的美好，这也符合人类生物生命中的视觉享受。自然生态中的美丽风景能够为生物生命的满足提供便利，仿若这眼中的梯田带来的满足。于是，布依族人民也将这美丽的自然风景延续到自身服饰中。各色各样的格子图案代表着不同人眼中的梯田风景，也展示着不同季节的梯田风景，更体现着每天不同时段的梯田风景。试问，还有哪个民族比布依族人民更能够将自然生态中的梯田风景描述得如此丰富生动？这时布依族人民独特的文化创造，彰显着自身生命追求的愿望，即与自然生态环境和谐相处，也记录下先民们宝贵的稻作文化。这种适应是其依山傍水、气候温热湿润、物产丰富多产等因素所带来的生活、劳作习俗，同时云山雾水的地理环境和本民族悠久人文生活内容也陶冶出布依族淡雅洁净的生活情调和审美情趣。

荔波布依族土花布的格子图案的形成主要是通过将白色棉丝线染上不同的颜色后再进行编织，这种别称为色织布的格子布必须经过染上各种色彩才能体现出格子的图案，这也从侧面体现出布依族人民善于运用染料的技艺。在当时经济落后、物质匮乏的年代，他们没有多余的资金购买染料，因此只能从大自然中获得。至此，植物染料的运用开始发挥到极致。不管怎么样这种适应是其依山傍水、气候温热湿润、物产丰富多产等因素所带来的生活、劳作习俗，同时云山雾水的地理环境和本民族悠久人文生活内容也陶冶出布依族淡雅洁净的生活情调和审美情趣。荔波布依族生活的地区具有独特的喀斯特森林地貌，其在色彩、花纹、装饰等各方面的讲究无不体现着布依族人民不断调整自身审美意识来适应周边生态环境。研究布依族服饰审美文化的核心内涵最终就是要研究其与生态环境的选择适应、对生命的无限敬畏以及对和谐理念的向往，探讨服饰的生态美和生命美的双重特点。

格子布图案的形成得益于织布当中最重要的环节——排线（布依语称“笨纶”），即纺织“经线”的布局，它决定着纺织花布的骨架设计。布依族人民把设计好的图案用线锭色套到排线架子上装好，然后拎着排线架围着几根柱子拉出第一道线。在量好织布的长度以后要用颜色打上记号。一般来说，一匹布的长度大约以一丈二为一个单位。织布机的砸板分为宽口“砸板十”和窄口“砸板八”。根据织布机砸板口（布依语“冢”音）宽度来确定排线的次数，进而得到总的线条数目。如果以“砸板八排线为列，一个排线架上放 12 各线锭，一个来回为一”小股（布依语“叭楣”音），五个来回为一个“中股”，那么则需要排八个“中股”，即 960 根线。布依族人民想要变换一下大单元格里的图案时，只要在排线总不变的情况下临时调换线色或者少走几个“小股”，或者增加几小股线就可以达到图形变化的效果。在纺织时对纬线间隔条数的控制以及颜色的变换能够使织出来的图案产生不同的效果，这就是荔波县布依族土花布斑斓色彩的奥秘。

土花布布纹有花椒、梅花、篱笆、桂花、鱼刺、柳条、兰尼等 10 多种，按照布的底色不同可分为蓝底白花、蓝底白花或蓝白混纱等类型。荔波布依族土花布的格子图案的形成主要是通过将白色棉丝线染上不同的颜色后再进行编织，这种别称为色织布的格子布必须经过染上各种色彩才能体现出格子的图案，这也从侧面体现出布依族人民善于运用染料的技艺。在当时经济落后，物质匮乏的年代，他们没有多余的资金购买染料，因此只能从大自然中获得。至此，植物染料的运用开始发挥到极致。

通过大量文献考证和实地考察发现，使用相似格子呢织物的古凯尔特人祖先和新疆考古发现使用格子织物的高加索人种属于同一语系的不同种族人种，而且西域发现比西方估计在时间上早一千多年。在多民族多文化交流的苏格兰大地，格子呢作为特殊的氏族制度的徽章和象征将氏族成员紧紧凝聚在一起。这样看来，布依族的格纹土布应该算是走在了时代潮流的前沿，其实用价值和文化价值已经为其跻身世界潮流舞台提供了很大的支持和帮助，成为我国为数不多的少数民族服饰图案元素跃居世界服饰设计图案理念的文化，这对于常年来偏居西南地区一隅的低调内敛、静谧沉稳的布依族人民来说可能是始料未及的梦想。笔者通过长时间的仔细观察和亲身体验发现，布依族人民在长期汉化的过程中不断“收起”自己原本的个性，这是适应时代发展和进步的重要表现。

据史料记载，江南格子——崇明的土布经过对优质棉花的选取、弹花、纺织的七十八道工序来对这种家庭式传授的手工艺进行传承。该土布单最大的特点就是牢固耐用。崇明土布纺织生产至今有五百多年历史，崇明土布传统纺织技艺源自元代至元年间（1335—1340 年）松江乌泥泾黄道婆从海南黎族地区学到的纺织技艺。[①]

目前学术界对与苏格兰格子的研究成果颇丰。例如，李哲的《对苏格兰格子图案的审美分析》从装饰美学的角度对苏格兰格子图案的形式规律及色彩组合予以分析；陈晓英的《现代服装设计中格子元素的应用探索》从美学特征探索格子的起源、类别、典型面料的主要配色进行分析研究，着重分析格子元素服装风格；谢未在《格子图案在纺织品设计中的应用》阐述了格子图案的美学特征，涵盖了格子图案的历史、主要类别及其在服装和家用纺织品设计中运用的具体形式与手法；齐蒙和王家民在《格纹在

①张倩怡．辨识·解读·实验——以格子图案为例的研究［D］．南京：南京艺术学院，2017．

现代服饰中的知觉应用》中论述了格纹的颜色、大小、分布及面料如何影响格纹的视觉效果；李想的《论学院派风格服饰中“贵族因子”的成因——以苏格兰格纹为例》中认为格纹是学院风的标志性特征和经典元素，并阐释了格纹能够成为经典符号的内外因；朱旭云的《论服饰格子图案的美学特征》中论述了格纹中条格颜色的深浅、间隔比例关系等方面是影响审美视觉的重要因素；何漪的《“苏格兰”格子元素在服饰中的运用》中探寻了该元素的起源以及其配色规律及美学特征。

但目前学术界对于苏格兰格纹与荔波土花布图案之间的相似和关联性还没有进行深入探讨。关于格子纹产生的历史起源赘述目前为止还没有官方说明。这不禁引起笔者的思考：或许在历史上某个地点某个时刻，布依族妇女们偶然看到集市上有格纹图案，一时间喜不自胜，也想拥有一套这类图案的服装，因此便向佩戴格纹图案的主人咨询制作方格纹的图案，当她学会之后便自己纺织制作成服装穿在身上，周边的妇女也被这种图案吸引，于是纷纷效仿学习这种技艺，于是这种方格纹图案的服装便在布依族妇女们中间传开，进而成为其服装制作的基本原料。到目前为止，这只是一种猜想，还未能得到确切的官方史料的证实。

二、“尚蓝为荣”

马林诺夫斯基说过：“艺术一方面是直接由于人类在生理上需要一种情感上的经验，即声、色性并合的产物，另一方面，它有一种重要的完整化的功能。”

文化符号被普遍定位为“某种特殊内涵或者特殊意义的标识，这种标识具有鲜明的差异性与特征”，色彩联想的抽象化、概念化、社会化使服饰所移之情大多不是一种自觉的行为，也不代表个人的审美情感，而是社会集体成员所具有的共同情感，是集体自觉倾向的色彩。对布依族服饰色彩基于符号学角度进行探讨，在符号学理论中“构建世界的一切物质均是符号”，符号是通过“媒介关联物”“对象关联物”“阐述关联物”共同作用而构建的系统。①

人类对某种颜色的偏爱因民族不同而各不相同。我国的朝鲜族崇尚洁白，彝族崇尚黑色，藏族又特爱土红和蓝靛之色，居住大草原的蒙古族又喜欢天蓝和洁白，白族酷爱亮丽之色，回族恰偏爱绿色……可谓千差万别，不一而足。

而我们可爱的布依族服则偏爱青、蓝。偏爱到什么程度呢？可以毫不犹豫的肯定：蓝色是布依族的民族底色。

布依族服饰的色彩能够增强民族凝聚力和向心力。布依族传统蜡染的色泽以深蓝、浅蓝、白色为基调，色泽层次丰富，令人感觉清新淡雅，同时展现了人与自然和谐的艺术美感。这是他们低调、扎实、耐劳的民族个性的具体表现。图腾崇拜是为了保佑生产、保佑生存。随着生产技术不断发展，图腾纹样逐渐从原型中抽象化为具有深刻内涵和感情意蕴的蓝色。蓝色是能够唤起人们浪漫联想的颜色，同时也是富有生余节律的颜色。它清新、淡雅、稳定、沉静的特点就像一座轻轻连接自然与人的感情桥梁，将人的心灵无尽地引向宽广的原野。布依族的服饰是在长期历史发展过程中形成的，所穿的各种服饰是根据本民族所处的地理环境、生产和生活条件而制作的几何图形，② 并产生了贴近生活的艺术形式，使人的视觉快感增加了情感因素。

历代文字关于布依族服饰的尚蓝习性不乏记载。明代弘治年间赵瓒、王佐纂修订的《贵州图经新志》对贵州布依族服饰记载道：“以青布一方包头，着细褶青裙，多至二十余幅，如绶，仍以青衣袭之。”到清代康熙年间在《贵州通志》中记载“以帕束首，艺衣尚青”。乾隆年间《南笼府志》中也有记载，“衣短裙长，色帏青蓝”“红绿花饰”。可见布依族服饰色彩种类开始逐渐丰富，但“青”色依旧是布依族服饰的主要颜色。

第一土语区即贵州省的望谟、册亨、罗甸、独山、贞丰、安龙、兴

①余森. 我国西南民族布依族民族服饰色彩的符号性探究［J］. 文艺生活（文海艺苑），2013（4）.

②罗世昌. 惠水布依族文化［M］. 贵阳：贵州民族出版社，2005：74.

义、兴仁等县和惠水的一部分地区，布依族的服饰为大襟衣、长裤、大裤脚，衣裤的边沿镶有“栏杆”或花边。头饰有包青色头帕、白布头帕、花格子帕。六马区和摹役区的沙子、牛田等地方的布依族妇女服饰装束为又一类，属“裤子装”即“大裤脚，倌锅圈，栏杆衣裳拖肩”。她们头缠大格花帕，夏倌“锅圈”，冬倌“三角帽”。《贵州通志》对黔南地区布依族妇女服饰的描述如下：“以青布——方包裹头，著细折草裙，多至二十余幅”。清乾隆《独山州志》中说道：妇女们“春二、三月间，各携筐篮沿山采菜……山花满髻，项挂银圈，腰系彩带丝条，环身炫目”。

布依族的传统服饰式样较多，纷繁复杂，根据土语区的不同，形成了集中具有典型代表性的布依族服饰，特别是居住在安顺市镇宁一带的布依族在服装上喜用青、蓝色调为主要色调，青壮年喜包头帕，头帕又分为条纹、纯青，衣服为对襟短衣，一般为内白外青或外蓝；老年人大多穿大袖短衣或内白外青或外蓝。居住在罗甸县境内的布依族，喜用青色布的服装，特别喜穿青布长衫，扎布腰带。

安顺地区的布依族大多依山傍水而居，稻田溪水交织，自然成了生命的一部分。在布依族民歌中，无处不有山川河流、日月星辰、飞禽走兽和花草树木。它们成就了爱情，养育了生命。布依族视自然为审美对象，引山水为知己，将建筑、服饰以及自身生命和自然融为一体。布依族与自然的密切关系，产生对自然的敬畏和欣赏。最能彰显布依族对自然敬畏和欣赏的是，黔西南每一个布依族寨子都有一座草木郁郁葱葱的神山与清澈的河流。这种对自然的敬畏态度在审美文化上表现为，将自然作为审美的最高原则。在布依族心中，决定对象审美价值取向的是超于人之上的自然。自然不仅赋予天地万物以生命，而且使审美文化创造充满活力。布依族的男性上衣多为青色或者是蓝色的宽松对襟衣、马褂和长衫，这充分体现了布依族男性的忠诚憨厚与朴实的民族个性。布依族人民将传统的民族蜡染颜色和式样都自然而然地与周围的环境统一起来，在给人们视觉愉悦和心理抚慰的同时，还彰显了纯真朴实的布依族积极追求人与自然和谐相处的理念。布依族女性喜爱穿着白底蓝花的百褶长裙，特别是贵州安顺市的镇宁县石头寨的布依族人民善于制作蜡染，素净淡雅的布依族蜡染穿在身上能够展现她们优美的身段，将女性的妩媚表现得淋漓尽致。因此，蓝、白两种颜色的组合与对比，百褶裙的飘逸，呈现给人民明快清爽的视觉感受，烘托出了布依族女性淡雅素净的民族情怀。

蓝色，是富有深刻内涵和感情意蕴的颜色，是富有生命节律的颜色、是能够唤起浪漫联想的颜色。它清新、朴雅、稳定、沉静、就像一座连接自然与人的感情桥梁，能将人的心灵引向宽广的原野，让人从大山茂林中找到人与自然、人与人的和谐感觉。乍看它似乎有点粗朴单调，细细品味，才能体验其无穷无尽的生命力，只要看到它，人们立即就会与蓝天、茂林等联系，它激发着布依人的人生乐趣，让人们从它的基调中获得艺术美感，取自然之物的染料，体现着人的创造能力与自然的博大胸怀。

从现代色彩心理学的角度来看，蓝色是一种普遍受中国人喜欢的颜色，以其纯净、理智、缜密、理性和想象的特点赢得了大众的喜爱，并且成为了许多日常生活用品都普遍使用的颜色，不仅如此，在当代社会中，蓝色调在艺术品甚至电子产品中已逐渐受到青睐。我们平时使用的被子，一般最常见是白色，因为白色看起来不但整洁舒爽，而且还有较好的催眠作用。当然，平常使用得最多的颜色也就是淡蓝色、米色等很浅的颜色。为什么我们不盖深红色的被子睡觉，因为盖上之后血压会不断升高，精神容易紧张起来，最终没有办法入睡。因此，我们平时使用的被子切忌使用令人清醒的颜色，镇静效果非常显著的淡蓝色等浅色才是被子颜色的上佳之选。纯度极高的蓝色，经常受到艺术家们的狂热挚爱，他们就像追求梦中情人一样，似乎只有蓝色能够让他们激动的心灵永不疲惫。著名的克莱因蓝是其中被公认的佼佼者。当代一些年轻艺术家也常用纯粹、耿直的蓝色。从他们的身上似乎有着一股隐形的线索一直牵到了遥远的布依族人民身上，大概就是这低调而又充满力量的蓝色，抒写着民族的个性以及全人类灵魂的某种共性。

布依族服饰整体色彩简约，全身上下几乎不会超过三种颜色，有时甚至只有一种，保持着服饰的简洁淡雅。因蓝色基调具有平缓、深沉、稳重而不阴暗之特点，表现了布依族人民尤其是布依族妇女温文尔雅、庄重豁达的民族性格。[①]

那三五片附着在布依族人民身上的蓝色，或浅亮明媚，或深厚沉稳，时而如明亮的歌声穿过山谷，又似温厚的土地托着纯洁的生命。有清浅的天蓝、纯度高浓的群青被次序井然的分布填充在大小方格里，戴在女孩们的包头巾上，或是穿在身上，一股自然而然的清纯美感透过空气袭来。

除此之外还有常见的稳重深蓝色，这种颜色的布料在中国西南少数名族地区多被叫作青布，这种蓝色低、重、纯、稳，是传统布依族服饰中最为多见的色彩，它被作为整个族群服饰的底色支撑。有时全身青布，搭配白色、浅蓝、红色等花边图饰和浅色包头帕；也以有上浅下重的常用搭配。当然智慧的布依族人民从来不会出现上重下轻的美学“错误”，这一点或许是民族集体性格的原因，布依族的集体性格是轻而稳的，体现在服饰色彩上面便是青布蓝底，托住其他几种简洁的亮丽，当然还有边线、图案、头帕、纹饰等活泼的节奏来完成布依人浑身上下的美学任务。除此之外，还有大块不同层次的蓝色布局，倾斜横直，简洁的色彩形式。这种朴实的色彩构成在布依族身上直接观照着他们的内心精神，这是他们性格的视觉外化，整个地区人们思维习惯的状态不复杂，也不想复杂，一种低欲望的民族心理色彩就是这个样式了。

这是一种人类高贵精神的标志性代表，从这个角度看布依族服饰美学的文化价值是可贵的，甚至可以说值得我们特别地珍惜和发扬。当然这远远不是一篇论文就能够达到的，笔者的力气微弱遥不可及，这需要整个社会市场和人文的共同认可，需要我们整个时代可以重新冷静下来，将密不透气的欲望竞争删除一部分，让所有人重新拥有一个精神生命的重要留白，再把那些快要被荼毒殆尽的美好点醒。

荔波布依族人们为什么如此崇尚蓝色呢？这是由于布依族人民都居住在依山傍水、环境优美的山区，同时陪伴他们的就是山水风光、奇特的溶

---

①黎汝标．布依族色织布工艺研究［J］．贵州民族研究，1994（1）．

洞、瀑布等良好的生态环境。由于地处边远地区，布依族人民生活的地区一般都交通不便，经济也相对落后，他们的经济状态就长期以“以农为本，男耕女织，自耕自食，自给自足”的自然经济状态为主，也就是说，他们在生活实践中就根据自身条件自己栽种棉花、纺纱织布以及染色缝衣。探讨布依族人民的染色技术，就不得不提到布依族地区自制的蓝靛染料。这些蓝靛染料也是布依族人们来之不易的劳动成果，是祖先们在长期生产和生活实践中逐步探索发现得来的。人们经过了较长时间的实验才得知一种叫“土蓝靛”的叶子能够经过加工而形成蓝色染剂，把它泡在染缸里就能把布料染成深蓝和浅蓝的颜色。布依族人民如果想要在蓝色的基础上染上绿色或者紫绿色，就可以采集一种叫“东绿树”的叶，经过熬煮过滤而形成紫色液，然后以染青布的方法反复煮漂清洗就能得到绿色。大自然所赐予的蓝靛、东绿树等植物能染出的颜色使布依族人们形成了青蓝为主的服饰特点，并且经过心灵手巧的布依族妇女们对服饰的非凡的创造力给本民族带来了独具特色的服饰文化。这些染料，全靠布依族人民从大自然的作物中取得。其实青蓝色的内涵代表了布依族整体人民的性格特点和感情色彩，是布依族人民沉稳安宁、富于幻想、稳重内敛但有充满热情希望的体现。布依族服饰的颜色与它所处的历史地理环境、自然条件、经济基础、文化素质、审美观点以及心理状态有关。

然而，布依族服饰的服饰色彩在当今社会的价值不容忽视。例如，布依族传统蜡染，色泽以深蓝、浅蓝、白色为基调，层次丰富，清新淡雅，表现了人与自然和谐的美感。在旅游工艺品市场的文化传播中，它赢得了外族群体即蜡染购买者们对蓝色更多的喜爱甚至依赖，因而蜡染工艺品对其购买者的精神世界的陶冶以及缓解内心烦躁和压力具有一定的作用。另外，布依族蜡染古朴典雅又富有时代感，是布依族人民端庄朴素的民族个性的体现。它是技艺高超的手工艺品，是体现民族文化符号、民族风情的形象反映，是民族审美观念的生动体现的载体，是传统美、自然美与艺术美的高度和谐统一。

三、“低调内敛”

有史以来布依族都是一个温文尔雅、与世无争的民族。布依族先民一开始只是遇到了大自然较微弱的挑战，没有危及到他们的生存，没有凝聚起全民族力量对付外界对本族核心文化的侵袭，然而随着时间的推移，这种松散的社会文化结构使他们在面临更强大的外界敌对力量的挑战时总是显得不堪一击。在整个民族遭受外敌凌辱时不能有效地号召全民族的力量进行一致对外。历史上的布依族也出现过多次起义，但其影响的范围并不大，并且最后以失败告终。这是布依族先民们温文尔雅、与世无争的民族性格使然，含蓄内敛的个性并不能使之在历史更换大潮流中掌握一定的反击能力。

老子曾言：“万物之始，大道至简。”极简是一种有力的美学语言，不经过大肆雕琢便可以体现个人对于美的克制，即“不表现”和“含蓄”。这是布依族的“天人合一”。有什么样的民族性格就有什么样的民族服装风格。布依族服饰整体上一直以来都没有不和谐的张力，低调内敛就是它的表情。

当前时尚界有一种说法：less is more。这体现出服饰的图案款式越简单，越能有发挥的空间。这就像中国的写意画讲究留白一样。美学家宗白华认为，中国画最重留白处。空白处并非真空，乃灵气往来生命流动之处。且空而后能简，简而练，则理趣横溢，而脱略行迹。

我国很多少数民族可谓极尽繁复来装扮一身穿戴，而荔波地区民族却截然不同，他们的服饰风格整体简洁大方，低调内敛。这里的低调内敛显然也脱离不开前文所述布依族长久以来的社会特色，等级弱化、某种程度上的去阶级化大概是形成低调内敛服饰美学性格的社会生命因素。

布依族服饰色彩中的文化生态：蓝、青、白、黑。这些色彩是布依族人民性格的完整体现：含蓄、内敛、沉稳乐观、柔和低调的性格特征。他们很少有性格张扬粗犷的文化因子，但这并不代表布依族人民胆小懦弱，柔弱可欺。在面对侵犯本民族利益的列强豪霸时，布依族人民依然能够揭竿而起，联合广大人民群众内心深处保卫家园的必胜决心。历史上有很多著名的布依族农民起义的事件，例如，王笼农民起义，这是布依族人民刚柔并济的内隐的性格特征所成就的民族事业。视觉形式美与社会生命交融，互为肢体。

首先，布依族在服饰整体色彩上都比较单一，全身上下几乎不会超过四种颜色，有时甚至只有一两种，保持着服饰的简洁淡雅，现代各大服饰销售网站的服饰搭配风格也以简洁为主，各种冷淡风、“晚晚风”，佛系风等服饰风格应运而生，布依族服饰在颜色搭配上也与之相近，而不像其他许多民族一样追求色彩斑斓的配色的服饰一样，因而其与现代服饰风格有异曲同工之妙。

色彩心理学认为，蓝色属于冷色调，它能够体现使用者的内心追求，因此长期以来使用蓝色作为服饰基本色彩的布依族逐渐形成低调内敛、静谧淡雅的心理特质。荔波布依族服饰的主色调为青、蓝色，在心理上能让人产生宁静安详、静谧悠远的感觉，与布依族人民低调内敛、谦逊求和的民族心理相契合。另外，由于历史的不断更替并没有真正改变他们这种心理特质，喜欢蓝色的民族必定喜欢安于平静祥和的生活，不愿在喧嚣繁杂且充满了科技活力和时尚指标的大城市里拼搏奋斗。只是这种心理特质是一种世间难得的心境，还是一种显而易见的避世心理，这可能就成了仁者见仁、智者见智的典型问题了。

其次，在整体形式感的处理上，荔波地区的布依族服饰多以大块面的基础构成，结合少量花纹，或偏斜穿插，或端正相连，图案则基本以方格为主，有大的方块组合色彩搭配，也有细密的方格满布，点缀以雅致而不过分取巧的布纽结，体现简约大方的时尚美感。另外，从图案上来看，荔波地区的布依族服饰主要以方格子土布为主，仿若一块块纵横交错的梯田，这是布依族人民根据自身所处的生态环境以及生产方式而进行的服饰创作，体现其与自然生态环境息息相关、不可分割的关系。布依族人民的民族以低调内敛、谦虚恭敬的心理特质使他们保持内敛不张扬的服饰穿着风格，这是漫长的民族历史沉淀下来的民族心理。

最后，荔波布依族服饰的装饰品极少，服饰的主体多以各种图案形式的格子布制成，仅以围兜中的花草虫鱼等图案为点色，配以银项圈为装点，同时还佩戴形式简约但不简单的手镯，与崇尚美艳丰盛、装饰繁复的苗族服饰形成强烈对比，这不禁令人深思：是布依族人民的经济水平不够高，从而消费不起这些昂贵复杂的诸如银饰、刺绣等手工艺术品？还是世代流传下勤俭质朴、低调内敛的民族性格才促使他们的服饰如此简约低调？这个问题值得深入探讨。此外，荔波布依族服饰中各式各样的格子纹也逐渐被学者们精心解读：格子纹的选择可以认定为以悠久的稻作文化闻名的布依族在生计方式以及生态环境等方面的体现，抑或整齐成列的稻田以及纵横交错的乡间河流是否就是布依族人民在服饰创造上的精神来源。因此，民族服饰的繁杂与否与该民族的社会发展水平并不成正比，不应该以此因素作为评比标准。

西方服饰自文艺复兴以来都崇尚视觉感官上的刺激，追求个性解放。于是在服装设计上体现出类似紧身、束腰、凸臀等特点的呈现人体线条的服饰。这一潮流几乎也早已经席卷整个东方，只是在某些注重民族传统服饰的民族范围还没有被完全征服。譬如布依族，我们无论从色彩还是形式设计上，都看不出这种服饰哪一根线条哪一处形制结构是为了性感而生，这也是布依族人民精神性格的低欲望体现。

月满则亏，水满则溢。布依族的昨天造就了布依族人民怡然自得、含蓄内敛的民族个性。因此，布依族人民长期历史发展形成的“尚蓝”情结不仅体现了该民族优雅淡定和沉稳低调的民族心理特质。布依族服饰的颜色、图案及款式与它所处的历史地理环境、自然条件、经济基础心理状态与审美观点等因素有极大的关系，其内涵代表了布依族的性格。

荔波布依族方格纹服饰尽管在色彩搭配，配饰款式等方面都看似简约低调，但如果放大来看就会发现每件服饰上的图案都非常不同，尽显低调而不失内涵，这对于容易审美疲劳、追求服饰图案和款式多样化的一般人来说可谓是一件让人感觉美好的事情！

布依族居住区域处于温带或亚热带，民居依山傍水，温和的气候陶冶了布依族先民温文尔雅、怡然自足的民族性格，他们秉承的生活理念便是安逸祥和、绝对平均，这种观念有些类似于太平天国时期的平均主义。他们认为既然是同族同寨的亲戚，一家有好的东西就不应分你我，有肉大家吃，有酒大家尝，平均主义的理念应该得到传播发扬。这种族群模式的缺点是严重影响了族内成员参加生产劳动的积极性，阻碍了他们提高生活水平的道路，也导致了他们不与人竞争、安于现状的心理特质。此外，险峻的大山阻隔了人民与外界进行经济文化交流，狭隘了人们的视野。自给自足的经济以及少量的自然和人类的挑战使群体斗争的形式变得可有可无，这就造成了布依族先民较弱的民族凝聚力以及淡漠的群体意识。但是没有适度的挑战就没有文明的发生。

另外，在配饰方面，布依族服饰也追求简约大方，服饰以各种纹路的方格土布为主，不同纹路的土布就是不同的服饰装饰，展现着服饰的多变性，以袖口和裤脚再添以刺绣，表面上看似单一，却深藏韵味，一个人可以拥有好几套不同纹路和图案的方格土布服装。此外，布依族服饰的图案除了以基本方格为主外，还以领口、袖口和裤脚上的花色图案为装饰，同时，布依族服饰还通过围腰来装饰，围腰上的正方形内还会绣上各类花草图案，图案种类根据个人喜好而定，这与现代人在选择服饰时根据个人对图案的喜好而定是一样的。荔波布依族服饰的图案风格与现代服饰流行的简约不谋而合，符合当代服饰风格审美的要求。在领口或者袖口绣上一两朵花便算是对服饰的装饰，再多一些或许就显得庸俗了，有时纯白、纯黑或纯蓝的冷色调的服饰反而更受欢迎。纵观我国目前流行的服饰风格即欧美风、韩流风、日系通勤风等服饰风格都偏向简约大方、色彩单一，彰显着“越简单，越高级”的魅力，过多花哨繁杂的服饰随着时间的推移会让人产生审美疲劳，不能成为人们长期的服饰美感需求，只能是衣帽后宫中的调剂品。

四、“生命余温”

荔波布依族服饰漫长而烦琐的形成史深刻凝聚了本民族传承已久的生态理念和生态智慧，是当地人民在自然与社会双重生态下结出的高级美学果实，彰显了生命主体热爱生活、融于自然的炙热温度，是具有生命温度的服装艺术，换一种更为确切的说法就是作为生命温度衍生的服装。

我们纵观现代服饰制作行业的现状和乱象，不难发现，纯手工原生态的具有生命温度的服装已经变得如此稀有难得。日前，某网站掀起了一股讨论“一件衣服好不好，看标签就知道？很多人都忽略了”的论战。有网友说，衣服的颜色越深，可能染料中的有害物质就越多，因此在购买内衣或者婴幼儿衣物时建议选择浅色系列的服装；同时，一件衣服好不好还要看其吊牌上的号型有没有标明身高和胸围，号型标注为 170/100A，则表明该衣服适合身高 170cm 的顾客穿着，A 表示 正常体型，B 则表示“偏胖”，C 表示“胖”、Y 表示“偏瘦”等；此外，还要看这件衣服的洗涤说明的顺序是否按照洗涤、晾晒、熨烫等顺序标注，且衣服是否按照优等品、一等品、合格品的等级来分，等级越高，色牢度则越高，一般市面上的衣服标签的等级至少是合格品，一等品和优等品则很少，仅限于一些国际高端奢侈品牌出品的衣服。因此如果不具备以上条件，则说明该服装的生产厂家可能并不正规，甚至是黑心工厂，建议大家不要购买；最后，服装标签还要看安全技术类别是否符合相关的生命体征实际需求，例如，两周岁以下的婴幼儿服装必须符合 A 类技术要求，需要直接与人类皮肤接触的服装至少要符合 B 类技术要求，而非直接皮肤接触的服装则需满足 C 类技术要求。该回答在网上出现之后直接受到很多网友的质疑：这样通过标签来看服装的确很符合服装销售业的行业要求，但现在有一个重大问题出现了，这些衣服标签或者吊牌的上挂行为是否全程受到国家质检部门的严格监管呢？商家是不是可以自行选择挂上什么标签呢？有些做过现代服装生产或者甚至直接在网站上回复说：“作为服装批发多年的商家，我可以负责任地告诉大家，这些服装标签或吊牌都是完全按照商家自己的喜好来请专业人士随便挂上去的，与服装的真正信息基本上是不相符的，也就是说你买到的大牌服装或者小众服装基本上都是‘挂羊头卖狗肉’，能不能买到真正的好衣服完全依靠摸、闻、洗，或者烧一下才能辨别。”这是现代服饰市场的乱象丛生的冰山一角，由此可见，对服饰的生命温度美的需求逐渐成为一种流行趋势，遗憾的是诚信丢失的流水线商品何来生命的温度可言。

随着网络销售平台的不断增加，有很多服装商家现在开始在微信、QQ 等社交平台上宣传并售卖服装，努力引导人们购买本家品牌的服装，因此会想出很多诱导口号：“如果你不开心，那就买衣服吧！”据统计，全球 90％的女性买衣服以后心情会大好！这些诱惑人们去购买服饰的商家无非都是对女生们购买服装的心理进行了长时间的摸底了解，认为女性通常在心情抑郁或低落时更容易花钱消费，特别是一些想要通过购买崭新的衣服来装扮自己，以求转换自己当下抑郁的心情来获得愉快轻松的快感。这在很多女性消费行为中已经得到证实并验证，满足自己内心需求的服饰的变换的确能够给人带来心情的愉悦，这是人们的生命追求通过物质媒介的满足后达到精神实现的结果。为什么很多人特别是女性经常面对满柜子的衣服还荒诞地说“自己没有衣服穿，感觉去年的自己都是裸奔过来的”，这说明旧款的服饰已经不能满足自己现在的精神生命、社会生命追求，尽快服饰体现的生物生命特征尚在，但人们总想让服饰更能体现自己的精神生命，满足自己对某种服饰的喜爱，或者想通过品牌服饰、功能性服饰来延伸自己的社会生命，通过三重生命学说在服饰中的展现可以帮助我们回答并解决现实生活中人们存在的各种关于服饰审美的疑惑和问题，这是该理论的伟大和实用之处。荔波布依族服饰所使用的五彩斑斓、形态各异的方格纹图案正好可以满足人们正常的审美疲劳之后对新鲜图案花纹的生命追求：当地布依族女性可以通过制作不同图案花纹的服饰来满足自己的生命追求，这是民族服饰有别于其他由工厂批量流水线下粗糙制作而成服饰的地方。大多数民族服饰都是通过人们精心挑选服饰材料，绣制心中所喜爱的的图案，对其寄予人们的精神生命并一锤一打、一针一线地完成整个服饰制作流程，最终呈现出一套凝聚自己心血和精神信仰的服饰，被人们标上不菲的价格，被人们捧上“被膜拜”的神坛，这就说明只有经过人们精心制作，呕心沥血，赋予生命追求的服饰才能经过岁月的洗礼而变得越发珍贵和耀眼。

第三节 民族服饰的美学可能性

席勒曾指出："美是形式，我们可以关照它，同时美又是生命，因为我们可以感知它。总之，美即是我们的状态也是我们的作为。"①

封氏美学认为，一件漂亮的衣服，你穿上了它，你是占有了它，你认为它仍然是美的。只有你没有占有它的时候，你才能真正地欣赏它，你占有了它，那它就不再是一个审美对象而成了一个于你有用的存在、一个善的存在。但实际上，你穿上它也就不再能欣赏它，只有你对着镜子，看着镜子里的你自己的"象"，你才感觉到它的美，并且这美是与你自己的形象一起被感觉到的。对镜子里的那个你来说，你不是在消费它而是在欣赏它。即使你没有找镜子，你能想象出你穿上这件衣服的潇洒和漂亮，实质上，并不是你自己在欣赏，你是站在"别人"的角度在对自己进行欣赏。别人是无法占有你和你漂亮的衣服的。这个"别人"，也可以是你自己的精神存在。

鲁迅先生曾说过："有地方色彩的，倒容易成为世界的。"② 文化艺术正是因为有了民族性才会有国际性和生命力，有了真正的民族性，才会有真正的生命力。

当我们抓住了人的本质内涵，接着，我们就可以开始探讨民族服饰美本质的重要问题。随着民族服饰在现代服饰市场占据的地位越来越高，关于民族服饰审美本质问题衍生出了许多的疑问：民族服饰审美现象何以产生？服饰审美的决定性因素是什么？民族服饰审美的规律是什么？服饰在少数民族的生存发展中有何意义？为何出现杂乱滥用的现象？少数民族自

---

①〔德〕席勒. 美育书简［M］. 徐恒醇，译. 北京：中国文联出版社，1984：130—131.
②鲁迅书信集（上卷）［C］. 北京：人民文学出版社，1976.

己能意识到服饰的审美规则吗？运用生命美学理论来论证民族服饰美本质是近年来最具论证力度和说服力的理论依据。

首先，民族服饰审美主体主要是少数民族自身，然后才是其他民族的人。服饰的审美者除了穿者自身以外，还有其他审美主体。纵观民族服饰市场的销售现状得知，要想把民族服饰打造成市场热销品，首先它要能体现少数民族审美主体的民族文化（诸如图腾信仰、迁徙历史、经济收入、生命愿望等方面）；其次，服饰的制作材料必须是上等的优质材料（诸如，棉花必须是上好的品质，服饰染料的质地必须在圈内数一数二，织布机、纺纱机的质量必须保证过关，不能是陈旧破败的样子，影响民族服饰制作流程的顺利进行）；接下来，民族服饰的制作工序必须严谨细致，不能马虎敷衍，不能为了追求制作效率而随意跳过重要的制作环节，该遵守的程序要遵守，该进行的步骤坚决不能马虎；最后，必须体现“以稀为贵”的特性，也就是说，不能大批量制作或生产，必须依附于节日或者特殊场合，否则就会造成审美疲劳或满大街撞衫。

值得肯定的是，如果民族服饰能够依次按照以上的程序来制作，那么也就不会出现旅游市场中民族服饰店片面粗劣地追求服饰的色彩和款式多样化而忽略了民族服饰本身具有的不可任意复制的独特魅力的现象。但是，在普遍追求经济利益最大化的今天，商家们高度追求民族服饰的销售量，以求尽快收回成本。因此不会考虑要控制销量，也许部分商家会像餐饮业商家为了赚噱头而故意缩短营业时间，以此来争取某个营销期的顾客最大量化，但这往往与消费者的意愿背道而驰。然而，在市场经济不断发展的背景下，民族服饰在现代浮躁的旅游产品市场风气下已经逐渐趋向杂乱，庸俗化的现象已经越来越凸显。图案审美过于肤浅，甚至还出现了明显的图案误读，设计师们在添加了自己的设计理念之后，人们对各少数民族服饰的显著特征也不再知晓。

与民族服饰相比，现代人衣柜中繁复多样的服饰反而没有像少数民族服饰那样受到更深刻强烈的重视，因为他们太容易获得，只需要付出货币就可以轻易获取，而非像少数民族那样必须经过一定的时间段才能将服饰的各个部分“凑齐”，然后再缝制成一件可以上身的服饰。在制作过程中，民族服饰能够很明显深刻地体现着人类三重生命的追求，因而选取少数民族服饰的审美作为研究对象更加合适，也更能体现人类三重生命的统一与和谐。

总之，不管怎样，民族服饰的本质是其能够最大限度地满足人类对某种生命愿望的精神实现。无论是需要在自然环境中维持生命体征的正常运转，还是在精神环境中满足图腾信仰的崇拜，弥补对某种事物的追求或依恋，还是为了彰显自己的社会地位和关系，这些都是服饰美学的生命贡献。几万年前，以打猎为生的先人们彰显勇猛果敢的荣誉，通常表现在其成功猎杀后将猎物扛在肩上，脸上沾着猎物的血迹，身上印着与猎物搏斗时留下的伤痕，部落成员们看到这个场景自然而然地将此人与英雄的称号联系起来，这使猎人本身获得一种强烈的满足感。尽管他身上的伤痕在时间的流逝下逐渐愈合，脸上也不能时刻挂着血迹而向他人展示自己的英雄气概，人们逐渐忘却了他是昔日英雄的场景，这时猎人心中将逐渐感受不安和难过。所以为了满足自己的虚荣心，他会用兽皮来当作服饰，将野兽的牙齿制作成项链或手链并佩戴上身，或者会在脸上、身上用矿物颜料刻画着刀痕，昔日征服野兽的荣光又再次出现，他的内心又重新涌出作为英雄的满足和自豪。这是原始人类对于美的最初探索和追求，也是文明产生于早期人类的某种生命追求的精神实现。

因此，服饰的美到底怎么体现呢？当我们穿上一件衣服时它还是美的吗？实际上，当我们穿上它之后也就不再欣赏它了，它变成了被我们占有的东西，那这么说来服饰被穿上身后可能就不再美了，但是服饰的美比较特殊，它必须通过站在“别人”角度来欣赏。你只有通过对着镜子中的你自己的“象”才能感受到服饰的美。对镜子里的那个你来说，你不是在消费它而是在观察它。[①] 此时，你是站在别人的角度来对穿上服饰之后的自己作出欣赏，别人无法占有你和你的漂亮衣服。这个“别人”是想象中的

①封孝伦. 美学之思［M］. 贵阳：贵州人民出版社，2013：131.

你，是潜在的“别人”的替身。

但是服饰之美归根到底还是要表现人的美。现实中有很多人由于身材不够完美而通过服饰来掩盖或者装饰身材以达到整体美。人的美主要体现在哪方面呢？讲清楚人的美是一个无法回避的问题。

封氏生命哲学认为，决定人类之所以要实践的因素便是人类生命。就是说，我们应该立足于经济基础来解释上层建筑，但是，人类的经济生产，即我们所说的“实践”，不是自发的，而是由人的生命需要——吃、喝、住、穿等——决定的。[①] 因此，千百年来人类在服饰制作上不遗余力的实践行为其实最终还是由人的生命需要决定的。这就好比人类为了能够使其生命保持存在和延续，就要补充无穷无尽的能量一样，他要通过服饰这个能保持生物生命温度的舒适的物品来使其生命得以延续。尽管人们不是每时每刻都需要服饰保暖，但他们却不能忽视服饰对于呵护其生命的必要性。只是，服饰对于不同的人而言，其呵护的三重生命的种类和比重不尽相同罢了。

譬如早上去上班，具有职业性的衬衫搭配紧身裙或者西装裤就是首选，这是体现其与社会接轨的服饰，如果当天天气微凉，人们还会多带一件外套，以防被外面的凉风吹感冒。下班之后，为了体现个人精神世界的追求，他们会换上或休闲或正式的晚礼服去参加宴会等活动，与亲朋好友进行感情的联络和坚固。至此，服饰已经很明显地体现出人类三重生命的追求，只是不同的人在不同衣服上所寄予的生命追求不同罢了。例如，有的人会把对生理生命的追求寄予在一件特定的衣服上，如果没有对其产生更多的精神寄予，他又将对精神生命的追求寄予到另一件衣服上，另外，为了体现其社会生命的旺盛，他有可能会对衣柜中的某件衣服赋予更强烈的社会生命，认为其就是自己与社会不断交融的最佳“战袍”。当然，也有些人会将自己的三重生命全部寄予在同一件衣服上，这件衣服就是其生命追求的载体。反观现代都市人们的服饰选择观，我们总能认识并总结出

①封孝伦. 美学之思［M］. 贵阳：贵州人民出版社，2013：73.

许许多多服饰的生命。

服饰作为人的“第二皮肤”，它伴随着人类的三重生命的有机结合而发挥出不可取代的地位，具备极其重要的生命意义：人们会将自己精神上所要寄托或者留存的事物通过服饰这个媒介来完成。例如，如果他们想要表达自己对周围自然环境中某种动物或植物的喜爱，就会将其绣在服饰上，以表达自己的兴趣爱好，由此便产生了艺术；不论是生产劳动的美、阶级斗争的美、科学文教活动的美、人与人之间关系的美以及服饰打扮的美等相关，都直接与当时的社会生活、生产条件、科学水平、社会制度、时代风貌等相关。一定时代的社会美，只能属于它所处的那个时代；不同的时代，不同的社会环境各有不同的要求。以服装来说，清代的长袍马褂、民国时期一直延续到建国后的中山装、改革时代的西装，都折射出不同历史时代的特点；参加庆典仪式要穿衣服，执行公务要着职业装（如警服、海关服等），平日休闲可以穿休闲服、运动服，等等，也是不能随意混同的。[①]既然人有三重生命，那么人在审美时就存在三种生命愿望：生物愿望、精神愿望、社会愿望。换句话说，审美的本质就是人类以精神活动的方式从对象获得生命的满足的过程。

三重生命学说可以通过民族服饰来验证其合理性和普适性，这在学术界可谓创新。一直以来，服饰被看作是没有生命力的人类必需品，这是一种常见的误读。商场中琳琅满目的服饰被当作装扮时尚和美感的物品，但却很少有人能够思考服饰的生命力，也很少去在意除了保暖和遮蔽身体之外的功能。三重生命理论的出现为我们解读服饰提供了全新的视角，因为服饰是人类生命追求或显现精神世界的载体。

①刘叔成，夏之放，楼昔勇. 美学基本原理［M］. 上海：上海人民出版社，2011：94.

本章小结

荔波布依族服饰审美文化主要基于其悠久深厚的稻作文化根基沉淀，涵盖了包括地理环境、生计方式、原始宗教、民族历史等方面的文化内容。在长期的多元文化交融、历史演进以及周边生态环境和人文环境在不断变化的进程中，荔波布依族服饰的审美形式和审美价值也相应地发生了一些变化。但他们的审美文化活动是一种自由生命情感活动，在审美文化创造过程中产生的审美情感，既具有生动的感染自己的能力，又是自身审美文化的内在动力和民族感召力。从人们的心理、生理需求角度分析，服饰主要是为了遮蔽身体的隐私部位，使体内温度能够与人体生理需求保持平衡，同时也能够用来区分身份以及社会地位。这是布依族人民逐渐从蒙昧无知向不断认识自身和客观世界的明显转变，也是布依族人民社会历史阶段向前推进的重要证明。

本章主要从视觉形式范畴对布依族服饰进行了一系列剖析论述。总的来说，布依族服饰是人类服饰美学中的可贵支流，它为服饰美学提供了独具特色的珍贵视觉元素，如果能够将这些设计元素有机地运用到当代服饰设计当中，一定会结出奇妙的文化果实。在当代服饰设计领域，已经有了难以计数的视觉元素，与布依族服饰较为接近的方块、纯色调风格设计也不少见，有很多服装设计师也非常重视对少数民族服饰设计元素的运用，但是能够将布依族服饰所承载的民族文化性格进行保留、革新，同时又能打破民族界限的服饰美学，还没有被发现。在这些设计师的构建当中，被设计出来的“新东西”大多数成功作品也只能是一时流行，要么一眼看出依然是某个少数民族服装，要么就是少数民族服饰中的某些元素被修饰性利用而已，但是其本来的美学属性却被过滤掉了。从这些作品中看不到传统服饰那样恒久的民族精神内涵，当然这也需要长久的岁月去沉淀。

结 语

服饰单从字面的意思来理解就是指衣服及其装饰。换句话说，服饰不仅仅是指衣服，还包括与衣服相映成趣的各类装饰品。在任何时代，服饰都是人所生存的外界环境的展示。例如，在封建社会，衣饰会因为穿着者的身份、地位而在款式和色彩上有严格的区别。作为一种文化，服饰是人们在浓厚的文化积淀上有意或无意的潜意识流露。对很多人来说，服饰不只是人体轮廓的烘云托月。对于不善言语的人来说服饰应该是随身携带的一种袖珍戏剧。服装有御寒、标明职业地位、突出人的形体美三大功能。因此，服饰是一道看不完的风景。在服饰上有的人选择屈服于环境，有的人则倾向于用服饰表现自我，传递细节情绪，表达对生活的认知态度。服饰文明的流变过程蕴含着民族性审美文化亘古的延伸和变化，成为一个民族或者一个时代的话语，是该时代的某一人群在精神上的潜在追求。

民族服饰承载着少数民族群体基本的生物生命，延展着他们的精神世界，实现着他们的社会生命意义。荔波布依族服饰视觉形式上最大的特点是宁方勿圆的整体形式感（区别于汉服的柔和弧线）、近乎极简主义的色彩块面结构、极具自然崇拜色彩的花纹图案，这三大形式美学所蕴含的内在又是生物、精神、社会三重生命。在此基础上，我们可以看到当代人类服饰美学的整体，也可以洞明各个国家民族的社会政治、精神信仰、文明面貌。

本文通过生命美学视角来探讨荔波布依族服饰文化中所体现的三重生命追求，前三章分别以三重生命角度进行了探新试论，其中论文在第二章“愉悦获得”论题中，对人与服饰与他者的哲学关系做出了精彩的论述。第三章“服饰何以需要去阶级化”部分，则较为有力地讨论了服饰的政治功能，并对服饰在当代经济领域充当的角色功能做了全新解读：“服饰”除了承载美的功能之外，还充当了划分经济阶级的角色。在第四章对服饰美学审美本质进行了总结，从视觉形式美学角度切入，以布依族服饰为例对审美本质和民族服饰的当代可能性进行了追问，希望能引起共鸣。

每个人都可能从三个不同的角度去评价服饰的美：当我们看到服饰的目的色彩、人体身材的烘托、材质的舒适以及对人体的保护功能时，其生物生命的体现就已不言而喻；当我们看到服饰的色彩和款式与人物的气质相协调，人物的精神世界得到强调和烘托并引起他丰富的生命联想时，其精神生命就已展露无遗；当服饰的款式、材质、价格等元素体现出人物的社会意义及地位时，其社会生命就已生机盎然。因此，能够在三个层面上满足人的生命追求的社会产品显然就具有更高的审美力度和意义。

在现实生活中，我们每个人的衣柜中琳琅满目的衣服都只不过是我们自身不断需要改变的外表的一个载体罢了。例如，有的人会把对生物生命的追求寄予在一件特定的衣服上，如果没有对其产生更多的精神寄予，他又将对精神生命的追求寄予到另一件衣服上，另外，为了体现其社会生命的旺盛，他有可能会对衣柜中的某件衣服赋予更强烈的社会生命，认为其就是自己与社会不断交融的最佳“战袍”。当然，也有些人会将自己的三重生命全部寄予在同一件衣服上，这件衣服就是其生命追求的载体。

服饰绝不是空洞的能指，不是抽象的符号，而是有灵性和有意味的所指，是具体的生命体验。民族服饰的穿着者通过自身服饰来表达自己的生活理念和精神层次，彰显了各民族所处的自然环境、地理区域特点以及与生态环境不断适应的过程。

服饰首先是满足人类生物生命需要的必需品，它是人类保暖抗寒、防晒遮雨的工具，也是人类生存发展、保存生命的载体。如果一个人身无遮物、袒胸露乳地出现在户外，那么他就免不了在冬天时被冻伤，在夏天时被晒伤，下雨时被淋湿至感冒，等等；其次，服饰能够体现人类精神生命的活力。有些人的服饰偏向于欧美风，有些偏向于日系风，有些偏向韩流风，这些流行于服饰界的各种风格的服饰搭配正是他们精神世界的生命所追求的服装喜好，这也在一定程度上展现了穿着者所追求的风尚以及精神信仰；此外，服饰是满足人们遮羞，避免私密部位暴露出来让他人耻笑的最佳用品，这可归结为人类追求社会生命的表现。他害怕自己被定义为不文明的种类，在社会生活中遭到鄙视或者不屑，同时其社会角色也将被贬低。因此，为了获得社会其他成员的认可、尊重和仰慕，很多人愿意花费重金来打造一身完美的服装搭配，全身从头到脚都是从华伦天奴到阿玛尼的名牌，手表从劳力士到迪奥，等等。这些大牌的背后是昂贵的花费和享誉潮流界的名气所支撑起来的，其社会生命的蓬勃地位不言而喻。其中，服饰能彰显个人的社会身份地位，但服饰的社会生命力并不像其主人的社会生命力那样旺盛，没有人类的烘托，其生命力不会长久。

因此，在当今社会，人们的穿着是一种生存状态、情感价值抑或是一种生活方式。装帧精美的时装杂志、华丽高雅的时装店以及繁华似锦的商业用其精美的图形图案、绚烂的视觉冲击以及时尚的流行元素展示着人们对服饰的无比重视与眷恋。因此，服饰已经渐渐成为个人或群体的表现自我的符号，是一个时代的话语权表征。服饰所承载的生物属性、精神意义以及人类对所处的社会世界的不懈追求的行为锻造在服饰上体现得淋漓尽致，有助于体现当今“以人为本”的社会主义价值。当我们仔细地去分析服饰与我们的千丝万缕的关系时，就会发现它不仅是遮羞避体、保暖时尚的法宝，更是体现着人类生命追求的最佳佐证。

然而，目前服饰审美界有一个奇怪的现象：大多数国人都认为现代人的审美基因和能力跟 20 世纪八九十年代比起来都略逊一筹，毫无特色可言。当这高度发达的服饰制造业和网上唾手可得的化妆技术应该更能产生丰富多样的审美对象才算合理啊！然而，如果仔细分析现代各个网红和明星们的服饰搭配和妆容特点，我们就不难分析出其背后的真正原因。现代高度发达的网络信息技术促使人们倾向于从网络中模仿和搭配各类网红或者明星们的服饰风格和化妆技术。譬如类似淘宝、京东、唯品会等国内各大电子网站都会推出许多服饰售卖和搭配教程，吸引人们去购买从而获利，加上现代人的生活节奏越来越快，大多数人没有过多时间去琢磨服饰的个性搭配，这就促使人们逐渐失去搭配服饰的创新思维，他们不再愿意花费额外的时间去做这类浪费时间和精力的事情。因此在各大服饰电子网站中就形成了各式各样的服饰风格，人们只要挑选网上展示的各种风格中的一两种来塑造自己的服饰风格即可，例如，欧美风、韩版风、日式通勤风、民族风，等等，因此哪里还有人愿意去花费时间去创新服饰搭配？所以我们逐渐无法再从一个人的服饰穿着来准确判定他的三重生命的比重大小了。

至此，让我们一起再次发出这个饱含深情的追问：民族服饰美曾经温暖了整个民族历史的第二皮肤，如今还有何种可能？或者说到底能贡献给人类生命什么样的可能？我想，或许犹如新国风潮流一样，布依族服饰的美学生命会在我们深厚的热情当中绽放开来。然而不得不重视的问题是，新国风服饰（汉服风潮）目前虽然非常盛行，而且形式美在设计师们的极限追求下越来越具有丰富性和精致的美感，但是在美学生命仍然属于被呵护的状态，本质上类似于“大熊猫生态”。汉服的当代生命依然是一个贵族生命，它没有在真正意义上实现平等化和时代适用性。这或许还是可以狭隘地归咎于服装设计师，也确实是在设计上未能做到这一点，但令这种悲剧问题产生的原因是什么？我想应该放到社会整体中来看，为何演员再也演不出感动灵魂的哪怕是一个表情？因为他们作为艺人工作者和作品同时丢失了真实生活。他们无法将作品的创作和“生命的真实”联系起来。放到民族服装这一个题目上来，就是设计师、实际使用群体、服装本身这三者之间的忧伤隔离。究竟是什么斩断了生命与艺术之间语言的命脉？

服饰作为一种活的美学，与人一样也具有三重生命：生物生命、精神生命、社会生命，这当然要依赖于人得以实现；反之，人的三重生命在很大程度上又是通过服饰得以实现。二者的关系是一种必需的互生关系，荔波布依族服饰在这个民族特殊的生存条件、历史发展、信仰文化的土壤中温和而坚韧的存在着，低调地扮演着不可替代的角色。它承载了人的生命，它是民族社会永恒跳动的脉搏。

参考文献

一、期刊类

[1] 王明珂. 羌族妇女服饰：一个“民族化”过程的例子 [J]. 中央研究院历史语言研究所集刊，1998 (5).

[2] 龙岚洁. 布依族服饰及图案纹样浅析 [J]. 文艺生活（文海艺苑），2018 (5).

[3] 白明政. 布依族节日文化及其社会功能 [J]. 贵州民族学院学报（哲学社会科学版），2010 (2).

[4] 卢芳. 布依族服饰与其地理环境及文化心态 [J]. 金田，2013 (1).

[5] 伍强力. 对当代布依族女青年服饰变化的思考 [J]. 民族艺术，1993 (4).

[6] 曲义. 布依族传统服饰造型艺术研究 [J]. 湖北第二师范学院学报，2015，2 (7).

[7] 刘自学，刘婷. 布依族典籍《古谢经》的文化解读 [J]. 农村经济与科技，2017 (17).

[8] 刘美娜. 布依族服饰图案研究 [J]. 西部皮革，2016 (20).

[9] 池家晗. 地方高校传承非物质文化遗产的价值与路径研究——以黔西南布依族服饰为例 [J]. 文化学刊，2020 (5).

[10] 杨倩，张思华. 贵州省荔波县布依族服饰的传承与保护 [J]. 明日风尚，2018 (11).

[11] 余森. 我国西南民族布依族民族服饰色彩的符号性探究 [J]. 文艺生活（文海艺苑），2013 (4).

[12] 宋心远. 纺织品染色的过去，现在和将来 [J]. 印染，2005，31 (9).

[13] 张玲，胡发浩. 天然植物染料与人体健康 [J]. 山东纺织科技，1997 (1).

[14] 张荣. 无字史书穿身上：布依族服饰图腾崇拜与美学意蕴分析 [J]. 中外文化交流，2013 (11).

[15] 张建敏. 布依族服饰、蜡染中的鱼图腾崇拜与审美特征 [J]. 贵州大学学报艺术版，2010. 3.

[16] 肖毓. 解读布依族禁忌 [J]. 黔西南民族师范高等专科学校学报，2009 (4).

[17] 肖琳. 布依族节日文化的心理探析 [J]. 学理论，2010 (2).

[18] 苏成艳. 布依族服饰的设计心理研究 [J]. 西部皮革，2019 (15).

[19] 吴文定. 布依族服饰与地理环境 [J]. 黔南民族师范学院学报. 2002 (21).

[20] 吴文定. 布依族传统服饰文化的抢救与保护 [J]. 广西民族师范学院学报，2019 (2).

[21] 吴晶，胡秋萍. 布依族服饰特征与开发利用 [J]. 四川戏剧，2010 (2).

[22] 陈明媚. 布依族妇女审美现象探究 [J]. 西北民族大学学报（哲学社会科学版），2006 (3).

[23] 周国炎. “方块布依字”及其在布依族宗教典籍传承过程中的作用 [J]. 中央民族大学学报（哲学社会科学版），2002 (5).

[24] 周国茂. 布依族古文字研究 [J]. 贵阳学院学报（社会科学版），2010 (4).

[25] 罗成华. 黔南邀贤寨布依族服饰文化变迁研究 [J]. 国际公关，2019 (11).

[26] 罗莹，成镜深. 中国古代服饰小史 [J]. 四川职业技术学院学报，2003 (3).

[27] 竺小恩、康有为：近代中国服饰变革的倡导者 [J]. 五邑大学学报（社会科学版），2009，11 (1).

[28] 封孝伦. 生命与生命美学 [J]. 学术月刊，2014 (9).

[29] 胡定兰. 布依族妇女传统蜡染服饰变迁的“真假之喻”[J]. 广西民族研究，2019 (1).

[30] 郭建华. 布依族服饰文化探微 [J]. 民族艺术研究，2003 (4).

[31] 柯贵珍，于伟东，徐卫林. 药用植物染料的特征和功能实现 (I) 药性、颜色与染色 [J]. 武汉科技学院学报，2006 (1).

[32] 柏芝灵，陈小英，韦金娥，谢志婳，余选英，卢晓灵. 布依族服饰文化的传承探究 [J]. 散文百家，2017 (11).

[33] 唐媛媛. 生态美学视域下少数民族服饰审美及应用——以水族服饰为例 [J]. 设计，2020 (1).

[34] 黄守斌. 中和素朴：布依族在生活中演绎的审美意识 [J]. 兴义民族师范学院学报，2011 (4).

[35] 黄德林. 布依族古歌的宗教性及其社会价值 [J]. 上海市社会主义学院学报，2012 (1).

[36] 黄椿. 布依族信仰民俗中的环保理念 [J]. 民俗研究，2001 (3).

[37] 黄椿. 布依族宗教中预防医学思想 [J]. 中华文化论坛，2009 (3).

[38] 雀宁. 中国少数民族服饰的美学研究：现状、问题与出路 [J]. 贵州社会科学，2017 (11).

[39] 梁才贵. 装饰图案寓意之美学探析——以布依族服饰图案为例 [J]. 美与时代（上），2016 (6).

[40] 覃会优. 荔波布依族土花布的艺术特色 [J]. 前沿，2011 (24).

[41] 彭建兵，韦磐石，张军，张翔，黄守斌，赵燕. 布依族剩余崇拜心理探析——黔西南布依族文化心理的发展与变迁 [J]. 兴义民族师范学院学报，2010，12 (4).

[42] 樊敏，陆明臻，王发杰，陈朝魁，蒙畅，吴红庆. 贵州布依族服饰文化 [J]. 黔南民族师范学院学报，2015 (3).

[43] 黎汝标. 布依族色织布工艺研究 [J]. 贵州民族研究，1994 (1).

[44] 薛富兴. 生命美学与生态美学的对话 [J]. 社会科学战线，2020

(10).

二、著作类

[1] 阎丽. 董子春秋繁露译注 [M]. 哈尔滨：黑龙江人民出版社，2003.

[2] 贾谊. 新书·服疑 [M]. 北京：中华书局，2000.

[3] 〔英〕马林诺夫斯基. 文化论 [M]. 北京：中国民间文艺出版社，1987.

[4] 〔英〕弗雷泽. 金枝 [M]. 李兰兰，译. 北京：煤炭工业出版社，2016.

[5]〔英〕乔安妮·恩特维斯特尔. 时髦的身体时尚、衣着和现代社会理论 [M]. 郜元宝，译. 桂林：广西师范大学出版社，2005.

[6] 潘吉星. 天工开物译注 [M]. 上海：上海古籍出版社，2013.

[7] 〔俄〕高尔基. 论艺术 [M]. 孟昌，译. 北京：人民文学出版社，1958.

[8]〔俄〕普列汉诺夫. 论艺术：没有地址的信 [M]. 曹葆华，译. 北京：生活·读书·新知三联书店，1964.

[9]〔美〕路易斯·摩尔根. 刘峰译. 〔英〕马林诺夫斯基；李安宅译. 古代社会 [M]. 北京：中国社会出版社，1999.

[10] 王聘珍. 大戴礼记解诂 [M]. 北京：中华书局，1983.

[11] 徐家幹. 苗疆闻见录 [M]. 贵阳：贵州人民出版社，1997.

[12]〔德〕卡希尔. 人论 [M]. 唐译，译. 长春：吉林出版集团有限责任公司，2014：96—104.

[13]〔德〕格罗塞. 艺术的起源 [M]. 蔡慕晖，译. 北京：商务印书馆，1984.

[14]〔德〕席勒. 美育书简 [M]. 徐恒醇，译. 北京：中国文联出版公司，1984.

[15]〔英〕乔安尼·恩特维斯特. 时髦的身体——时尚、一桌和现代社会理论 [M]. 皓元宝，译. 桂林：广西师范大学出版社，2005.

[16]〔德〕恩格斯. 家庭、私有制和过国家的起源 [M]. 中共中央马克思恩格斯列宁斯大林著作编译局，译. 北京：人民出版社，1972.

[17]《布依族简史》编写组. 布依族简史 [M]. 贵阳：贵州人民出版社 . 1984.

[18] 于雄略. 中国传统蓝印花布 [M]. 北京：人民美术出版社，2008.

[19] 中共中央马克思恩格斯列宁斯大林著作编译局. 马克思恩格斯选集 第 3 卷 [M]. 北京：人民出版社，1995.

[20] 王天海. 荀子 [M]. 上海：上海古籍出版社，2005.

[21] 邓启耀. 民族服饰：一种文化符号——中国西南少数民族服饰文化研究 [M]. 昆明：云南人民出版社，1991.

[22] 叶立诚. 中西服装史 [M]. 北京：中国纺织出版社，2002.

[23] 朱光潜. 朱光潜美学文集第 1 卷 [M]. 上海：上海文艺出版社，1982.

[24] 朱狄. 当代西方美学 [M]. 北京：人民出版社，1984.

[25] 刘叔成，夏之放，楼昔勇. 美学基本原理 [M]. 上海：上海人民出版社，2011.

[26] 李泽厚. 美学论集 [M]. 上海：上海文艺出版社，1980.

[27] 吴泽霖. 定番县乡土教材调查报告不分卷 [M]. 贵阳：贵州省图书馆，1965.

[28] 何羡坤. 荔波布依族 [M]. 武汉：中国文化出版社，2011.

[29] 陈醉. 裸体艺术论 [M]. 北京：中国文联出版公司，1987.

[30] 林耀华. 民族学通论 [M]. 北京：中央民族学院出版社，1990.

[31] 国家药典委员会编. 中华人民共和国药典一部 [M]. 北京：中国医药科技出版社，2020：21.

[32] 罗世昌. 惠水布依族文化 [M]. 贵阳：贵州民族出版社，2005.

［33］周来祥. 论美是和谐［M］. 贵阳：贵州人民出版社，1984.

［34］封孝伦. 美学之思［M］. 贵阳：贵州人民出版社，2013.

［35］封孝伦. 生命之思［M］. 北京：商务印书馆，2014.

［36］钟敬文. 民俗学概论［M］. 北京：高等教育出版社，2010.

［37］贵州省安顺地区民族事务委员会，镇宁布依族苗族自治县民族事务委员会. 古谢经［M］. 贵阳：贵州民族出版社，1992.

［38］贵州省社会科学院文学研究所，黔南布依族苗族自治州文艺研究室. 布依族古歌叙事歌选［M］. 贵阳：贵州人民出版社，1982.

［39］贵州省社会科学院文学研究所. 布依族文学史［M］. 贵阳：贵州人民出版社，1983.

［40］贵州省荔波县地方志编纂委员会. 荔波县志［M］. 北京：方志出版社，1997.

［41］黄义仁. 布依族宗教信仰与文化［M］. 北京：中央民族大学出版社，2002.

［42］彭泽益. 中国近代手工业史资料（1840—1949）第三卷［M］. 北京：生活·读书·新知三联书店，1957.

［43］覃守达. 审美人类学概论［M］. 南宁：广西民族出版社，2007.

［44］谢选骏. 神话与民族精神：几个文化圈的比较［M］. 济南：山东文艺出版社，1986.

［45］鲍小龙，刘月蕊. 手工印染扎染与蜡染的艺术［M］. 上海：东华大学出版社，2004.

［46］蔡仪. 新美学改写本［M］. 北京：中国社会科学出版社，1995.

三、学位论文类

［1］王丙珍. 鄂伦春族审美文化研究［D］. 哈尔滨：黑龙江大学，2014.

［2］王欢. 当代服饰伦理初探［D］. 上海：上海师范大学，2014.

[3] 王鸣明. 布依族社会文化变迁研究 [D]. 北京：中央民族大学，2005.

[4] 甘代军. 文化变迁的逻辑：贵阳市镇山村布依族文化考察 [D]. 北京：中央民族大学，2010.

[5] 李荣静. 布依族服饰文化研究 [D]. 贵阳：贵州民族大学，2016.

[6] 杨晓燕. 布依族古歌中的精神文化研究 [D]. 贵阳：贵州师范大学，2009.

[7] 汪永河. 服饰美学的研究意义 [D]. 天津：天津工业大学，2002.

[8] 汪俊章. 乡村振兴战略下连南地区民族文化旅游开发研究 [D]. 桂林：桂林理工大学，2020.

[9] 张正华. 基于全养生理念对服饰与健康相关关系的研究 [D]. 广州：广州中医药大学，2015.

[10] 张倩怡. 辨识·解读·实验——以格子图案为例的研究 [D]. 南京：南京艺术学院，2017.

[11] 杨东. 中国当代美学高原上的两座坡峰——封孝伦生命美学与袁鼎生生态美学之比较研究 [D]. 桂林：广西民族大学，2014.

[12] 罗祎波. 汉唐时期礼仪服饰研究 [D]. 苏州：苏州大学，2011.

[13] 哈斯同力嘎. 蒙古族冠帽文化研究 [D]. 北京：中央民族大学，2017.

[14] 覃亚双. 布依族蜡染尚蓝心理研究——基于贵州省镇宁县石头寨的调查 [D]. 武汉：中南民族大学，2013.

四、论文集

[1] 鲁迅书信集（上卷）[C]. 北京：人民文学出版社，1976.

[2] 胡萍. 保护与开发利用并举——关于布依族传统文化的思考 [C]. 布依族研究（之七）——贵州省布依学会第三届会员代表大会暨第七次学术讨论会论文集，2001.

五、外文文献类

［1］ Ellen，R. and K. Fukui（eds.）1996 Redefining Nature：Ecology，Culture and Domestication，Oxford：Berg

［2］ Suzuki，T. and R. Ohtsuka（eds.）1987 Human Ecology of Health and Survival in Asia and the South Pacific，Tokyo：University of Tokyo Press.

［3］ Vayda，A. P. 1983 Progressive Contextualization：Methods for Research in Human Ecology，Human Ecology.